U0044293

卡哇伊立體造型小點心

任雪喜◎著　池俊錫◎攝影

朱雀文化

烘焙，成就了我一切的夢想！

國二時第一次對「烘焙」產生興趣，開始動手烤麵包。這一路走來，已經十年。還記得當我用存下的零用錢，買了一台小烤箱，烤出生平第一次的地瓜餅乾，那份雀躍的心，至今仍難以忘懷。即使那只是一份簡陋的食譜，味道很難稱之美味，外表甚至還被我烤焦了，但正因為是自己親手烤出的餅乾，成功興奮的心情大過於食物的美味。至此之後，我逐漸地陷入烘焙的魅力，也不時將親手做的麵包、餅乾送給親朋好友。看見他們收到這些甜點的喜悅，讓我內心感到非常欣慰，相信熱愛烘焙的你，應該能夠了解我這份感受吧！

夢想，掌握在自己手裡。

雖然成為一位甜點師傅是我的夢想，但我卻先走上了「食物造型師（food stylist）」這條路。食物造型藝術師的工作，是先將食物美麗地擺盤，再進行餐桌擺設，接著用照片將這些餐點記錄下來。這份工作既獨特又有趣，但內心深處，成為「甜點師傅」的夢想從未曾遺忘。

Youtube 頻道，成就了我的夢想。

幸好男友給了我極大的支持，讓我鼓足勇氣，設立了「純白砂糖（순백설탕）」Youtube 頻道，同時以只屬於我個人獨創內容的想法，如：香甜的「炸醬麵蛋糕」、273 倍重的「超巨大香菇巧克力餅乾」等，做出影片市場區隔。很開心這些有趣又極富特色的影片受到粉絲們喜愛，為了與粉絲們有面對面的交流，我的甜點工作室──「純白砂糖──糖分補充所」，也就應運而生。即使每週僅開放一、兩天，而且也只是邀請粉絲們前來品嘗在 Youtube 上示範過的甜點，但在大家關愛之下，工作室努力地成長茁壯中。

熱情，是成功的法門之一！

過去十年裡，我懷抱著各式各樣的夢想，但現在的我正從事著自己夢想中的工作。三年前從不敢妄想的那些事，現在卻一一在生活中實現，真的非常神奇。不僅是「純白砂糖──糖分補充所」的開幕，就連曾經希望能將自己開發的食譜集結成冊的這個遠大夢想，也在遇到出版社後得以實現。仔細一想，這一切的可能，都是因為我對烘焙的「熱情」。

我相信，「只要開始，永遠都不嫌晚。」哪怕是突然從深耕已久的領域轉換跑道，或是面對自己未知的領域，只要像我一樣，懷抱著熱情與努力，任何人都可以實現自己的夢想。雖然途中可能會遭遇很多苦澀艱難，但不輕言放棄，就能和夢想更接近！
和我一起努力奔向甜美的夢想吧！

純白砂糖
任雪喜

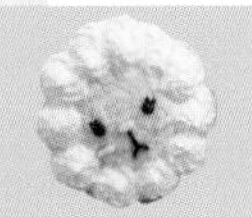

目錄

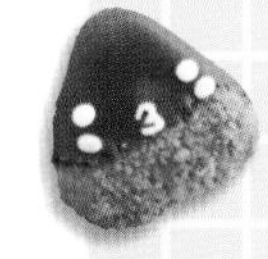

美味的食材

Ingredients

雞蛋 | 烘焙食譜提到的「一顆雞蛋」，約是去殼後50～55克的份量。使用全蛋時，多採用室溫雞蛋，才容易起泡；若是打蛋白霜，就必須使用冰涼雞蛋；僅用蛋黃打發蛋液時，則需隔水加熱讓蛋黃保持溫暖，較易起泡。

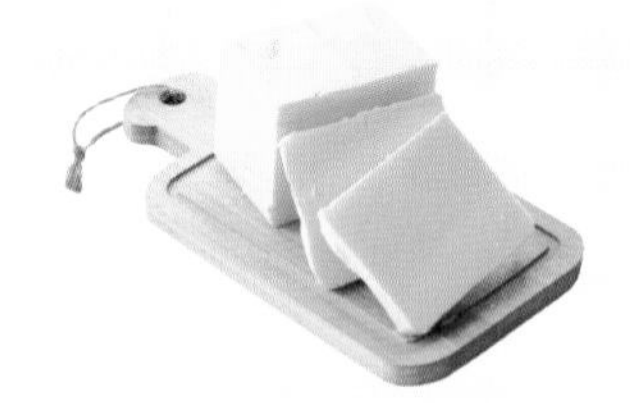

奶油 | 奶油可說是烘焙的必備材料之一。分為鹽味奶油（已加鹽）和無鹽奶油（未加鹽）。鹽味奶油多用於烹飪，無鹽奶油則是用於烘焙。

麵粉 | 依麩質含量分為高筋麵粉、中筋麵粉、低筋麵粉。麩質含量最少的低筋麵粉多用於製作酥脆的餅乾和蛋糕。若想做出再稍重一點的口感，請使用中筋麵粉。而麩質含量最高的高筋麵粉，則用於製作麵包。

巧克力 | 巧克力依可可膏（Cocoa Mass）的含量，分為黑巧克力、牛奶巧克力、白巧克力。同一種巧克力又可依用途分為拌入麵團或製作甘納許（Ganache）時使用的調溫巧克力（Couverture Chocolate），與裝飾用的免調溫巧克力（Compound Chocolate）。

杏仁粉 | 製作馬卡龍的主要材料。想要使成品帶出濃郁風味時，也可以加入。杏仁粉是將油分高的杏仁果磨粉製成，非常容易酸敗，短時間保存建議使用隔絕空氣的密閉容器或夾鏈袋；長時間保存則可以冷凍保存，以延長使用期限。

糖｜常見有白砂糖、黃砂糖、黑糖等。砂糖被稱為「天然保濕劑」，在烘焙時加入砂糖會使成品較為濕潤，提高保存效果。有些人因為不喜歡太甜而隨意減少砂糖份量，但如果糖份減少太多，反而會影響成品的完成度。

泡打粉（Baking Powder）／小蘇打粉（Baking soda）｜雖然泡打粉和小蘇打粉都扮演著膨脹劑的角色，但兩者的成分還是略有不同。小蘇打粉具有些微苦味，必須加入巧克力或優格等酸性食材，才能發揮膨脹效果；泡打粉則是在小蘇打粉裡面加入澱粉和塔塔粉製成，不具苦味，就算沒有酸性成分的食材也能膨脹。

食用色素｜食用色素是烘焙上不可或缺的材料之一，一般分為粉狀和液態兩種，透過色素可以調出各種美麗色彩，但粉狀色素的麵團入爐烘烤時，易出現顏色失真或結塊現象。

鮮奶油｜鮮奶油是藉由濃縮牛奶中的乳脂肪成分製成。100%使用牛奶製作的動物性鮮奶油口感滑順又不油膩，風味濃郁，保存期限較短；植物性鮮奶油保存期限雖較長，但因為是以植物性油脂製成，帶有一股不融於口的油膩感。若非特殊情況，一般建議使用動物性鮮奶油較佳。

糖粉｜糖粉是在砂糖中加入8～10%的澱粉攪碎製成。添加澱粉的目的是為了防止砂糖粉末結塊。糖粉除了可以代替砂糖增加甜味，也能直接使用篩網過篩，撒在成品上裝飾。

天然粉末｜抹茶粉和可可粉等天然粉末除用於調味，也可替代食用色素調製色彩。雖然顏色不及食用色素般鮮艷，但成分天然又健康。天然粉末會依原料價格和味道呈現出不同風味，使用越高品質的粉末，就能調配出風味越深厚的滋味。

香草莢／香草精｜使用香草莢時，請先縱切豆莢，再使用刀背刮下裡面的香草籽使用。刮完籽的香草莢可放入糖罐裡製成香草糖。若是加在糖漿裡，則會變成香草糖漿。此外，只要將香草莢切半直接浸泡於蘭姆酒中，就可以做出天然的香草精，可用來去除成品腥味，並讓風味變得更加濃郁。

鹽｜在甜點中加入些許食鹽，反而可以凸顯甜味。建議使用未添加任何調味料的鹽花。

巧克力筆｜五彩繽紛的巧克力筆是最簡便，也能輕鬆地裝飾甜點。使用巧克力筆時，爲了避免進水，請務必蓋緊蓋子，待融化後再使用。

便利的道具

Utensils

量杯／量匙｜用來測量少量的乾性及液體材料。若有各種不同尺寸的量杯、量匙，量完材料就可直接加入麵團中，非常便利。

花嘴／擠花袋｜花嘴和擠花袋是一對好搭檔，只要將各種不同形狀的花嘴放入擠花袋中即可使用。各個花嘴的直徑多少會有些許不同，因此請勿事先將擠花袋剪好，應該要先將花嘴放入之後，再將擠花袋口修剪成適當大小。

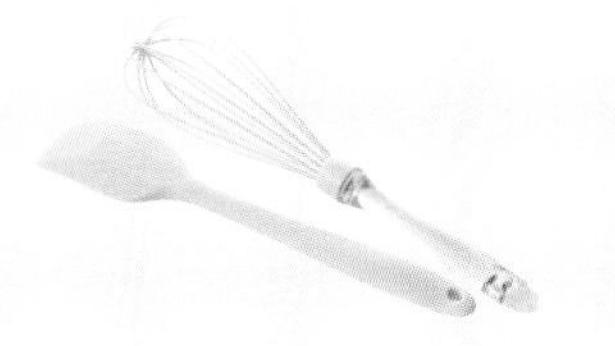

矽膠刮刀／打蛋器｜矽膠刮刀建議選擇耐熱材質，在攪拌材料或加熱時均可使用；打蛋器一般則是用於打發蛋液或鮮奶油。打蛋器鋼絲愈堅固、愈大隻就愈好用。

攪拌盆｜不鏽鋼材質的攪拌盆便於清洗收納，也可直接用於加熱食物，非常方便。但書中出現的圖片或影片都以玻璃碗爲主，是爲了便於看到內容物。建議備有幾個不同尺寸的攪拌盆，烘焙過程會更爲方便。

刮板｜混合材料或分切麵團時會使用的工具，用途會隨外型差異而有所不同。弧形刮板用於刮除攪拌盆內的麵團，直角型刮板則是用於分切麵團或刮平海綿蛋糕的麵糊。

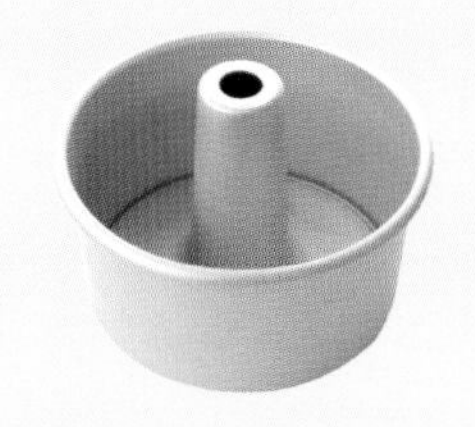

各種造型烤模｜
（圓形烤模／方形烤模／戚風烤模）

圓形和方形烤模在烘焙時最常用到。建議以6、7吋（直徑15及18公分）的常用尺寸來收集各種不同形狀的烤模好。分離式烤模可以將蛋糕輕鬆取下，特別推薦新手使用。製作戚風蛋糕時，請務必使用戚風烤模。

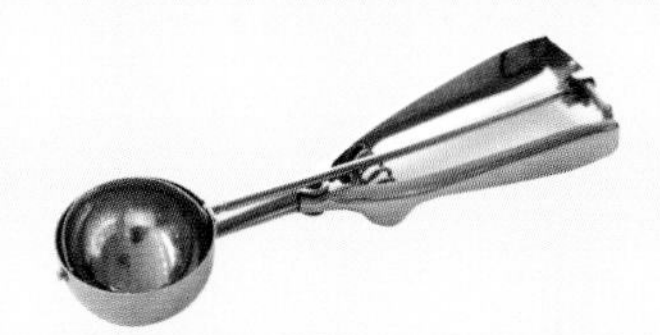

挖冰器｜挖冰淇淋用的挖勺可以挖取定量麵團，輕鬆放置烤盤上。建議準備一支直徑大約5cm的挖冰器備用。

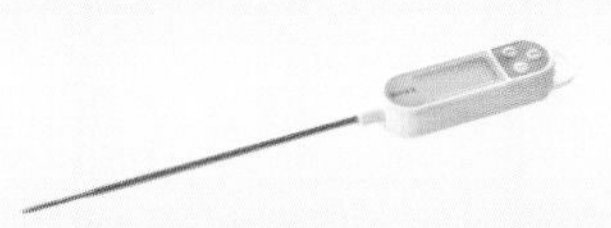

溫度計｜用來測量麵團或糖漿的溫度。因紫外線溫度計只能測量表面溫度，較易有溫度失準的情況，選用直接插入麵團/糖漿中測量的溫度計，反而可以測出正確的溫度。

電子秤｜烘焙過程最重要的事情就是精準測量。爲了達到更精準的測量，請使用以1克爲單位的磅秤。一般家庭用只需要3公斤的磅秤就很足夠了，但若經常製作大量麵團，那麼建議使用5公斤的磅秤爲佳。

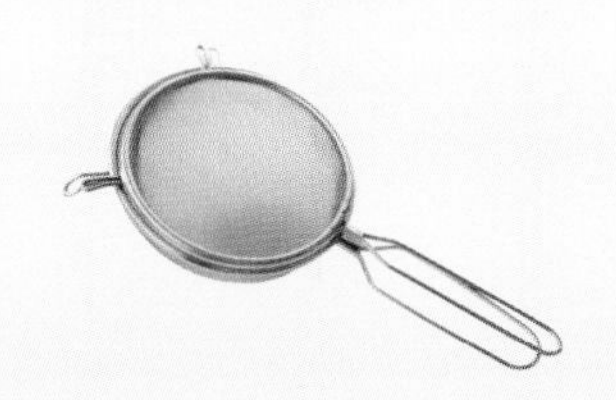

篩網｜因爲麵粉很容易結塊，建議使用之前事先過篩，除粉狀材料結塊，也能將一些雜質濾除。選擇篩網時，注意不要選用太細目，選擇中間粗細爲佳。

PART 1

造型初階版
超可愛！

可愛動物統統來報到！
但是這麼可愛，
怎麼捨得吃呢？

鬆軟綿密，教人吮指回味的好滋味！

泰迪熊布雪

份量：7隻

烤箱：烤溫170℃
烘烤10分鐘

當我看著口感鬆鬆軟軟的布雪，腦中就立刻浮現出溫暖的泰迪熊模樣。布雪就像馬卡龍一樣，中間可以夾一層內餡，更添好滋味。我個人特別喜愛將苦甜甘納許夾在兩片布雪間當內餡，可說是天生絕配呢！大家可依照自己喜好將甘納許換成奶油霜，也很好吃喔！

QR Code

材料

・布雪

蛋黃 35 克
砂糖 A 20 克
低筋麵粉 50 克
蛋白 70 克
砂糖 B 30 克
糖粉 適量

・甘納許

調溫黑巧克力 100 克
鮮奶油 50 克

事前準備

- 將1cm圓形花嘴放入擠花袋中。
- 將烤盤布平鋪於烤盤上。

溫馨小提醒

甘納許可以依照個人喜好改用調溫牛奶巧克力、調溫白巧克力製作。但牛奶巧克力和白巧克力的成分要比黑巧克力更稀一點，因此要記得將巧克力和鮮奶油的比例改成3：1喔！

How to make

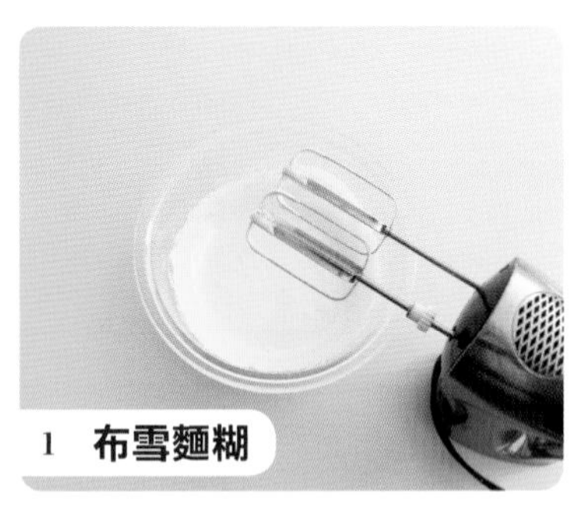

1 **布雪麵糊**

將蛋黃和砂糖A放入玻璃碗中，用電動攪拌器攪打至呈現淡鵝黃色。

2

加入過篩的低筋麵粉，再使用攪拌刮刀攪拌成均勻蛋黃麵糊。

3

將蛋白放入無水無油的玻璃碗中，以電動攪拌器打發，並分三次加入砂糖B，將蛋白霜打至硬性發泡。

4

將蛋白霜分成三次加入蛋黃麵糊裡拌勻。為避免蛋白霜消泡，請小心輕拌。

5

將完成的麵糊填入裝有1cm圓形花嘴的擠花袋中，在烤盤上擠出泰迪熊的形狀。

6

使用細篩網將糖粉均勻撒在泰迪熊的表面上，放入預熱至170℃的烤箱中烤10分鐘後放涼。

7 **甘納許**

將鮮奶油加熱後，放入調溫黑巧克力，攪拌至巧克力融化。

8 **裝飾**

將完全涼透的布雪挑揀成對，將其中一片翻面，使用放入圓形花嘴的擠花袋擠上甘納許做為內餡。

9

放上另一片布雪，再使用剩下的甘納許畫上泰迪熊的眼睛、鼻子、嘴巴就完成了。

帶著清新檸檬香氣的可愛小兔子！

兔兔檸檬塔

做法在下一頁

份量：6隻

烤箱：烤溫170℃
烘烤12～14分鐘

兔兔檸檬塔

咬下一口小兔兔檸檬塔，可以先品嘗到塔皮的酥脆，接著是檸檬蛋黃餡的酸甜滋味，一種幸福的滋味油然而生。可愛的造型讓人初見就著迷，再嘗滋味就鍾情的檸檬塔，用了新鮮現擠的檸檬汁取代市售檸檬汁，讓風味更上一層樓！

QR Code

材料

・塔皮

奶油 60 克
糖粉 50 克
鹽 1 克
雞蛋 25 克
低筋麵粉 140 克

・檸檬蛋黃餡

雞蛋 75 克
砂糖 75 克
玉米玉米粉 7 克
檸檬汁 45 克
奶油 60 克

・裝飾用

免調溫黑、白、粉紅巧克力 適量

事前準備

奶油置於室溫軟化備用。

溫馨小提醒

- 塔皮麵團進爐烘烤時會膨脹，因此放入烤箱前務必先用叉子在底部戳洞，並鋪上烘焙紙，再放上米粒/豆子或烘焙石一起烘烤。
- 製作檸檬蛋黃餡時可能會出現結塊，建議可將成品先過篩一次後再使用。

How to make

將軟化的奶油放入玻璃碗中輕輕攪散，加入糖粉和鹽拌勻。

當鹽完全溶解後，分次加入雞蛋小心攪拌，注意不要造成油水分離。

加入過篩的低筋麵粉，用攪拌刮刀以11字方式切拌，整型成塔皮麵團。

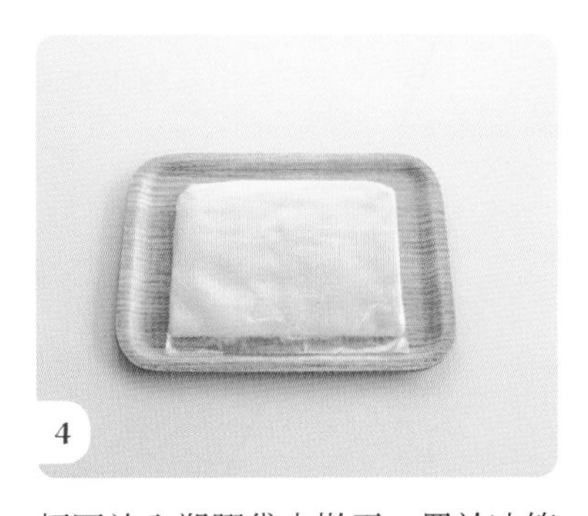

麵團放入塑膠袋中擀平，置於冰箱冷藏30分鐘。

將冷藏好的麵團分成6等分放入馬芬烤盤整型後，用叉子在底部戳洞。放入預熱至170°C的烤箱中烤12～14分鐘至金黃色後放涼。

將檸檬蛋黃餡所有材料放入鍋中，以小火加熱，用打蛋器攪打至稍微產生稠度並出現畫痕的狀態後離火放涼。

將檸檬蛋黃餡倒入完全放涼的塔皮中（九分滿），放入冰箱冷藏。

在紙上先畫好兔兔五官圖稿，於圖稿上再鋪上一層烘焙紙。將裝飾用巧克力隔水加熱融化後，放入擠花袋中，描繪於烘焙紙上待凝固即可使用。

將凝固的五官巧克力放上檸檬塔，可愛的兔兔檸檬塔就完成了！

黃澄澄的蛋塔，變身成為可愛小雞！

小雞蛋塔

份量：6隻

烤箱：烤溫190℃
烘烤25～30分鐘

不分男女老幼，擄獲所有人芳心的香甜滑順蛋塔。一說到「黃色」，當然就是可愛小雞囉！酥脆的塔皮加上香甜的蛋塔內餡，還使用了香草莢增添風味。當做完馬卡龍或蛋白霜，還剩下很多蛋黃時，就可以做這道甜點來消耗蛋黃喔！

QR Code

材料

・塔皮

低筋麵粉 130克
奶油 120克
水 50克
砂糖 4克
鹽 2克

・內餡

玉米粉 8克
砂糖 70克
蛋黃 4顆
牛奶 184克
鮮奶油 120克
香草莢 1枝

・裝飾用

蛋白 1顆
食用色素（褐色、橘色、黑色）適量

事前準備

奶油切丁後仍置於冰箱冷藏備用。

溫馨小提醒

- 塔皮裝入內餡後，可以用廚房紙巾或細篩去除附著在內餡上的氣泡，烤出來的成品會較爲漂亮。
- 蛋塔入爐烘烤時，注意出爐時成品顏色，顏色太深，裝飾起來就不會那麼可愛，因此烘烤一半，若擔心顏色可能會太深，可以在蛋塔表面蓋上一層鋁箔紙再烤。

How to make

1 塔皮

將冰涼的奶油切成丁狀，與低筋麵粉輕輕混合後，再使用刮板切成豆粒大小。

2

將水、砂糖、鹽放入杯中混合均勻後，加入步驟1揉捏成麵團。

3

將成塊的麵團放入塑膠袋中擀平，置於冰箱冷藏1小時。

4 內餡

將玉米粉和砂糖放入玻璃碗加水拌勻後，加入蛋黃攪拌均勻。

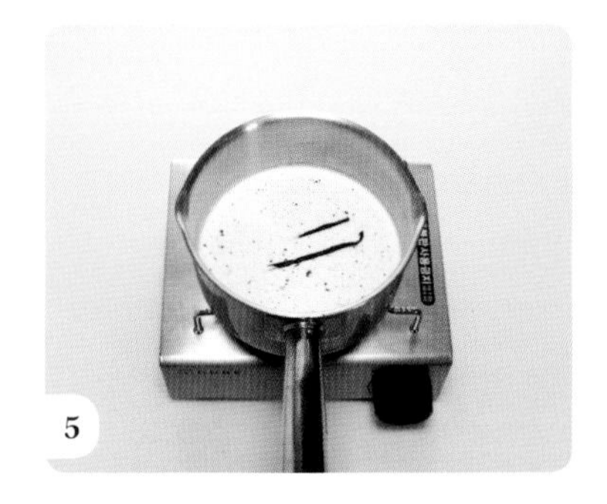

5

將牛奶、鮮奶油和香草莢放入鍋中加熱至鍋邊冒泡。

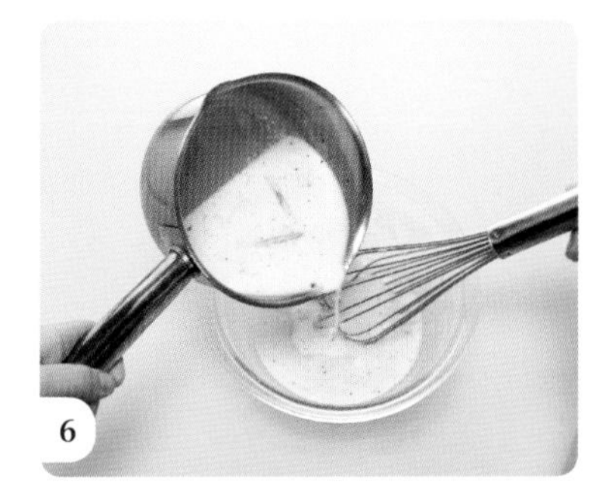

6

分次加入步驟4的蛋液中。加入時請使用打蛋器同時攪拌，避免蛋黃熟掉。

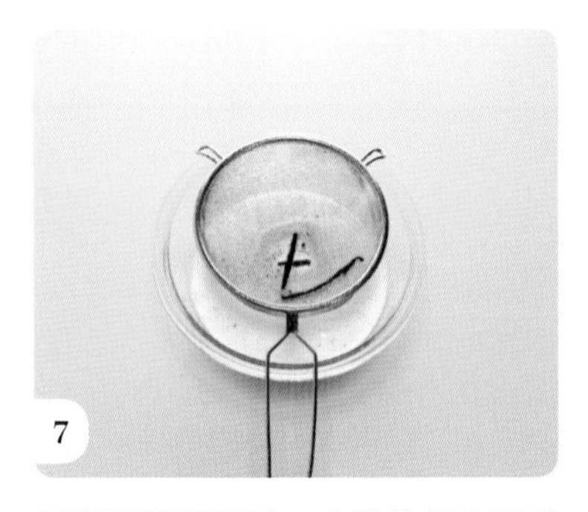

7

用篩網過濾蛋汁，去除熟掉的蛋黃和香草莢。

8

將冷藏好的麵團分為48克/個，放入馬芬烤盤中整型後，填入內餡。放入預熱至190°C的烤箱中烘烤25～30分鐘。

9 裝飾

將蛋白分為3等分，分別加入褐色、橘色、黑色食用色素。

10

平底鍋塗上一層薄薄的油，倒入蛋白液，用小火煎成三色蛋皮。

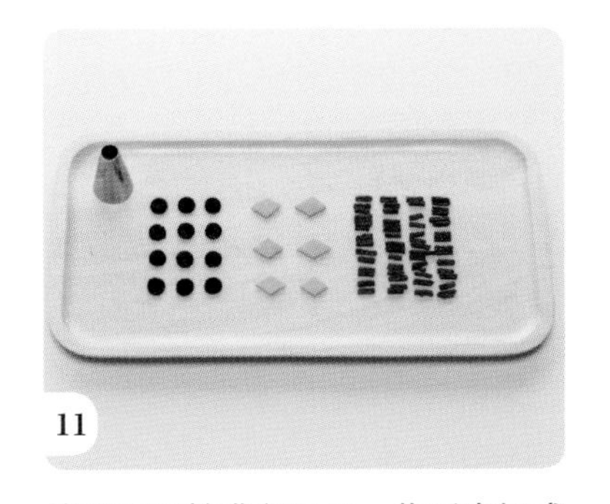

11

使用圓形花嘴和刀子，將蛋皮切成小雞的眼睛、嘴巴和腳的形狀。

12

將三色蛋皮放到烤至金黃色的蛋塔上裝飾後就完成了！

我的烘焙筆記！

小耳、圓眼，還有可愛的小嘴，超萌的小熊！

小熊餅乾泡芙

份量：10隻

烤箱：烤溫190℃
烘烤20分鐘

餅乾泡芙的表皮酥脆、內餡香甜，咬下一口，幸福的滋味馬上在口中化開。雖然直接品嘗就很美味，但若先放入冰箱冷凍後再吃，口感會很像冰淇淋喔！
發現血糖不足時，不妨來一顆可愛又好吃的小熊餅乾泡芙吧！

QR Code

材料

・巧克力餅皮

奶油 42克
砂糖 50克
低筋麵粉 50克
可可粉 5克

・巧克力泡芙麵糊

水 120克
奶油 50克
砂糖 7克
鹽 1克
低筋麵粉 70克
可可粉 10克
雞蛋 2顆

・巧克力卡士達醬

蛋黃 50克
砂糖 60克
低筋麵粉 14克
玉米粉 10克
牛奶 250克
黑巧克力 50克
鮮奶油 250克

・裝飾用

黑、白巧克力 適量

事前準備

- 奶油置於室溫軟化備用。
- 將1cm圓形花嘴放入擠花袋中。
- 烤盤布平鋪於烤盤上備用。

溫馨小提醒

鍋子拌炒泡芙麵糊的過程叫作「糊化」。若糊化不完全，烘烤時就無法膨脹；即使膨脹起來，中間也不會出現空洞，無法填入內餡。因此糊化在製作過程中，可說是非常重要的一道程序。不沾鍋因爲有塗層，鍋底太滑無法產生薄膜，很難辨識麵糊是否糊化完全，建議盡量使用非不沾鍋來拌炒麵糊。

How to make

1 巧克力餅皮

將置於室溫軟化的奶油放入玻璃碗中輕輕攪散，加入砂糖攪拌均勻。

2

加入過篩的低筋麵粉和可可粉，攪拌刮刀以切拌的方式拌勻，整型成一塊麵團。

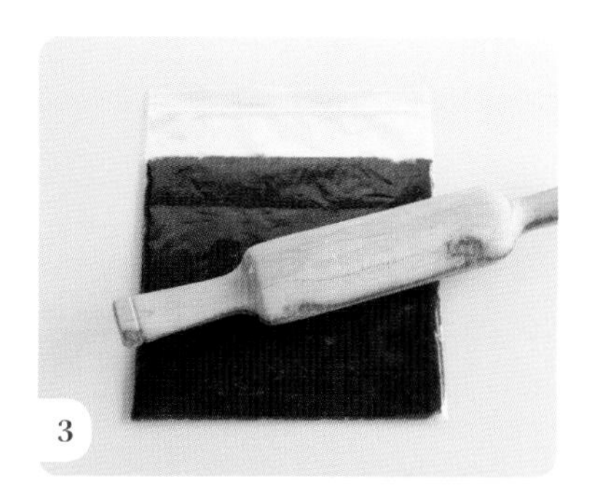

3

將麵團放入夾鏈袋中，使用擀麵棍擀成2mm的厚度，再放入冰箱冷凍至少1小時以上，讓麵團硬化。

4 巧克力泡芙麵糊

將水、奶油、砂糖和鹽放入鍋中，加熱至奶油融化。

5

待奶油完全融化後，關火並加入過篩的低筋麵粉和可可粉，攪拌成團。

6

再次開火，使用小火加熱，拌炒麵團至鍋底出現薄膜（糊化）。

7

將麵糊倒入玻璃碗中冷卻後，分次加入雞蛋。攪拌至拉起麵糊後呈現三角狀的濃度即可。

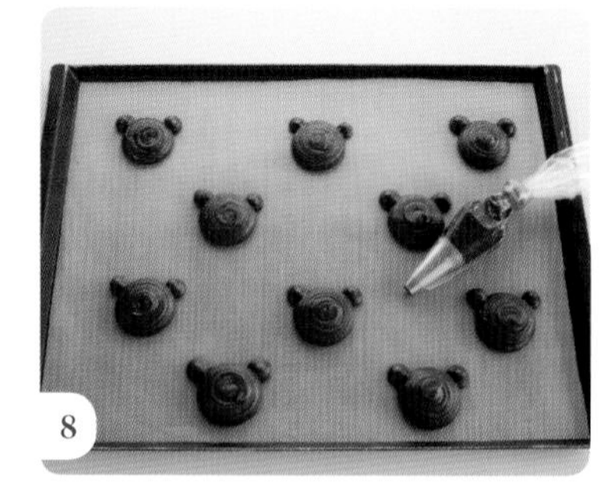

8

將巧克力泡芙麵糊填入裝有1cm圓形花嘴的擠花袋中，在烤盤上擠出小熊的形狀（臉部直徑4cm，耳朵直徑1.5cm）。

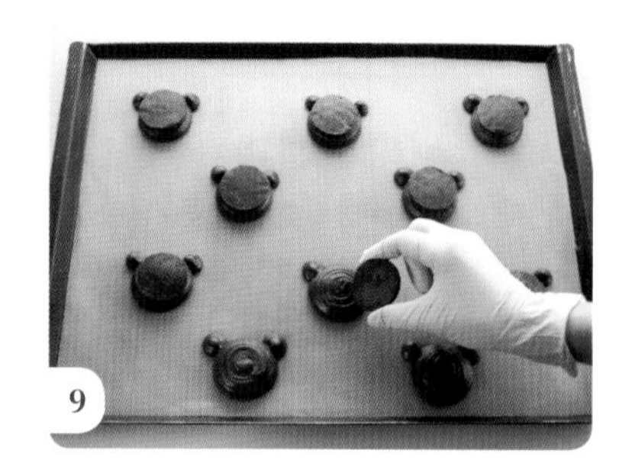

9

將置於冰箱冷凍的巧克力餅皮取出後，使用直徑4cm的圓形餅乾模壓出圓形餅皮後，置於小熊臉上。放入預熱至190℃的烤箱中烘烤20分鐘後取出放涼。

10 巧克力卡士達醬

將蛋黃、砂糖、低筋麵粉和玉米粉放入玻璃碗中攪勻。

11

將牛奶倒入鍋中，加熱至鍋邊冒泡後離火，倒入步驟10中，以打蛋器不停攪拌至均勻，需不斷攪拌以避免蛋黃熟掉。

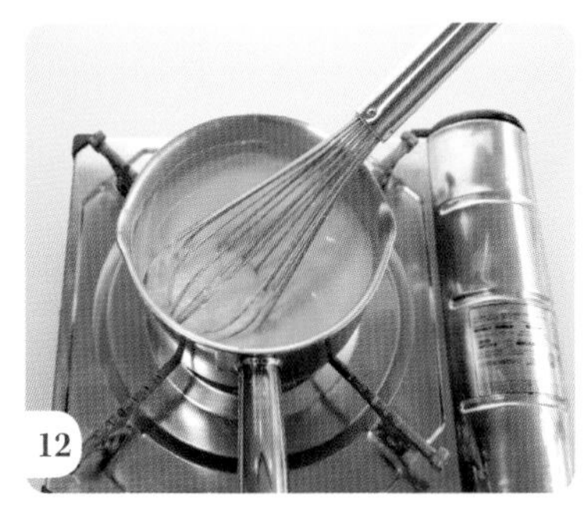
12

將麵糊倒回鍋中攪拌，以小火加熱至開始變濃稠即可關火倒入玻璃碗中。

13

趁著卡士達醬還熱，放入黑巧克力攪拌至融化，封上一層保鮮膜，放入冰箱冷藏放涼。

14

將冰涼的鮮奶油倒入另一個玻璃碗中打發，加入放涼的巧克力卡士達醬，攪拌均勻。

15 裝飾

將巧克力卡士達醬填入擠花袋中，填滿泡芙內部。

16

將黑、白巧克力隔水加熱融化，在泡芙上畫出小熊的五官，可愛的小熊餅乾泡芙就完成了！

可愛外型加上飽滿內餡，視覺與味覺都滿分！

咕咕雞和果子饅頭

份量：8隻

烤箱：烤溫170℃
烘烤20分鐘

不分男女老幼，人氣滿分的和果子饅頭搖身一變，成了一隻咕咕雞。和果子饅頭內餡加了香濃的核桃，可用其他堅果來取代。將可愛的咕咕雞和果子饅頭使用精美的盒子包裝，就成為一份令人驚艷的好禮。

QR Code

材料

・和果子饅頭

煉乳 85 克
蛋黃 1/2 顆
鹽 1 克
香草精 2 克
低筋麵粉 95 克
泡打粉 1/2 小匙

・核桃豆沙

白豆沙 200 克
核桃 40 克

・裝飾用

食用色素（紅色、黃色、黑色）適量

事前準備

- 低筋麵粉和泡打粉過篩備用。
- 豆沙置於室溫軟化備用。
- 烤盤布平鋪於烤盤上備用。

溫馨小提醒

- 包豆沙餡時，若和果子饅頭的外皮太薄，烘烤時容易爆開，請盡量將麵皮捏成適當的厚度。
- 塑型時請使用保鮮膜將其他麵團包住，以避免麵團乾掉。
- 將雞冠或眼睛貼到咕咕雞身上時，若不易貼附，可沾一下水後再貼即可。

How to make

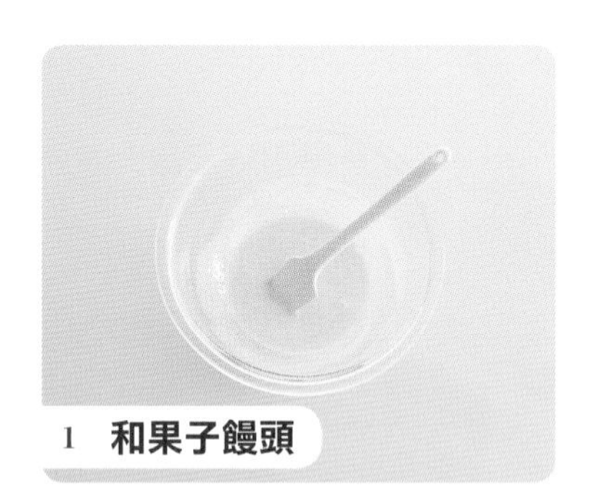

1 和果子饅頭

將煉乳、蛋黃、鹽和香草精放入玻璃碗中拌勻。

2

加入過篩的低筋麵粉和泡打粉，以攪拌刮刀整型成塊。

3

以保鮮膜包覆麵團避免乾掉，放入冰箱冷藏熟成1小時以上。

4 核桃豆沙餡

將置於室溫軟化的白豆沙放入玻璃碗中輕輕攪散，加入核桃拌勻備用。

5

將核桃豆沙餡分成每個30克大小，並搓揉成圓形。

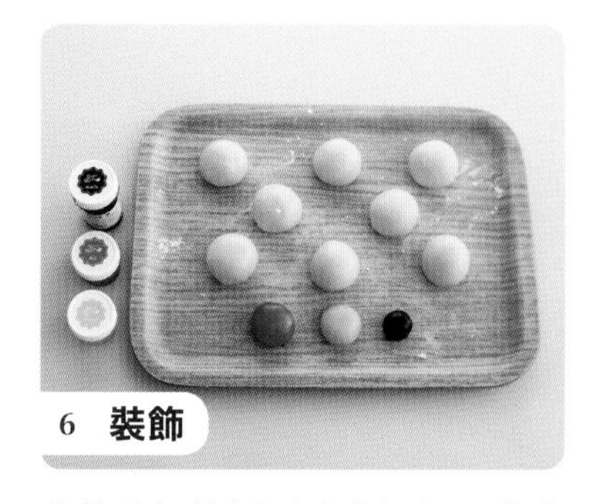

6 裝飾

將熟成好的麵團分成每個20克大小，並將剩下的麵團以1：1：0.5的比例，各自與紅色、黃色、黑色食用色素調合成彩色麵團。

7

將20克的和果子饅頭麵團捏平，包入核桃豆沙餡後，整型成圓形。

8

請參考影片做出咕咕雞和果子饅頭的身體，再使用彩色麵團製作出小雞的雞冠、臉頰、翅膀、眼睛等貼上後，放入預熱至170℃的烤箱中烘烤20分鐘就完成了！

小松鼠，你好啊！秋天什麼時候報到呢？

小松鼠蒙布朗

做法在下一頁

份量：6隻

烤箱：烤溫175℃
烘烤20分鐘

小松鼠蒙布朗

蒙布朗是因為神似阿爾卑斯山脈最高峰的「布朗峰（Mont Blanc）」而得其名。蒙布朗使用了香甜的栗子泥製作而成，看著棕色的蒙布朗，就令人聯想起愛吃栗子的小松鼠。一到涼爽的秋天，就很想自己動手做蒙布朗。現在就讓我們透過這道甜點和可愛的小松鼠相遇吧！

QR Code

材料

・栗子蛋糕

帶皮栗子 120 克
奶油 100 克
砂糖 65 克
栗子泥 100 克
雞蛋 2 顆
低筋麵粉 75 克
杏仁粉 25 克
泡打粉 3 克

・內餡

栗子泥 220 克
鮮奶油 170 克

・裝飾用

水滴巧克力 12 顆
栗子泥 少許
栗子粒 3 粒

事前準備

- 奶油置於室溫軟化，低筋麵粉、杏仁粉和泡打粉過篩備用。
- 蒙布朗花嘴放入擠花袋中備用。

溫馨小提醒

- 栗子粒在台灣烘焙店可以買到用糖煮製，沒有去掉栗子薄皮的，叫澀皮煮；去掉內皮的叫甘露煮。這裡使用的是澀皮煮的栗子粒。
- 就算不做成松鼠造型，只撒上一點糖粉裝飾的蒙布朗也很漂亮。

滿身條紋，一臉機靈樣的可愛小老虎。

小老虎杯子蛋糕

份量：6隻
烤箱：烤溫170℃
烘烤20分鐘

在蛋糕麵糊和奶油糖霜（frosting）裡加了起司，一口咬下充滿起司濃郁的香氣。若先提前一天將杯子蛋糕烤好，再密封置於室溫保存一天，就能品嘗到更加濕潤的口感喔！如果杯子蛋糕已經擠上起司奶油霜，就必須置於冰箱冷藏保存。

QR Code

材料

・杯子蛋糕

奶油 120 克
砂糖 100 克
鹽 2 克
雞蛋 2 顆
香草精 2 克
低筋麵粉 100 克
起司粉 20 克
泡打粉 1 克

・起司奶油霜

奶油起司 150 克
奶油 50 克
糖粉 60 克
起司粉 8 克

・裝飾用

食用色素（褐色） 適量

事前準備

奶油、雞蛋、奶油起司置於室溫軟化備用。

溫馨小提醒

- 製作起司糖霜時，必須先將奶油起司完全打發再放入已經軟化的奶油，若未完全打發，或是奶油太冰時，都可能造成結塊或油水分離的情況。
- 加上擠好奶油霜的杯子蛋糕若置於冰箱保存太久，口感會變得較為乾硬，建議在食用前再擠上起司奶油霜裝飾。

How to make

置於室溫軟化的奶油放入玻璃碗中輕輕攪散，再加入砂糖和鹽攪打至完全沒有沙沙聲。

分次加入打散的室溫雞蛋，攪打時注意不要造成油水分離。將雞蛋全數加入後，再加入香草精。

加入過篩的低筋麵粉、起司粉和泡打粉，以攪拌刮刀拌勻。

蛋糕紙模放入馬芬烤盤，將麵糊填入，放入預熱至170℃的烤箱烤20分鐘後放涼備用。

置於室溫軟化的奶油起司放入玻璃碗中打發，再加入軟化的奶油拌勻。

再加入糖粉和起司粉，仔細攪拌均勻，不要有塊狀物。

將一勺起司奶油糖霜裝入另一個小碗，並使用褐色食用色素調色。

將完全冷卻的杯子蛋糕表面切平後，塗上起司奶油糖霜並將表面抹平。將剩餘的起司奶油糖霜和褐色起司奶油糖霜分別放入擠花袋中，畫出老虎的五官後就完成了！

做法在下一頁➡

哎呀~吃了太多草莓，連臉都變紅了！

小兔子杯子蛋糕

份量：6隻

烤箱：烤溫170℃
烘烤15分鐘

小兔子杯子蛋糕

這款外型柔軟又毛茸茸的小兔子杯子蛋糕，使用了大量粉紅色營造可愛的感覺，搭配草莓果醬做為蛋糕內餡，佐上清新的蘋果薄荷，吃上一口，實在太滿足了！只要好好運用在這個食譜中學到的技巧，就能依樣畫葫蘆，搭配自己喜歡的果醬，做出其他動物造型的杯子蛋糕呢！

QR Code

材料

・杯子蛋糕

雞蛋 3 顆
砂糖 90 克
鹽 1 克
香草精 3～4 滴
食用色素（粉紅色）適量
低筋麵粉 100 克
泡打粉 3 克
奶油 40 克
牛奶 40 克

・草莓奶油霜

奶油 150 克
草莓果醬 60 克

・裝飾用

棒狀餅乾 12 根
蘋果薄荷 適量

事前準備

奶油和雞蛋置於室溫軟化備用。

溫馨小提醒

- 將麵糊打至起泡時，必須在最後階段將氣孔打散，才能避免蛋糕內部烤出大孔洞。當麵糊攪拌完成時，請務必再使用手持電動攪拌器以最低轉速將氣孔打散。
- 將奶油和牛奶加入麵糊時，請注意要快速攪拌以避免麵糊消泡。麵糊若是未攪拌均勻，就會造成油脂聚集，讓烤出來的蛋糕凹陷，請特別留意這點！

How to make

1 杯子蛋糕

置於室溫的雞蛋與砂糖、鹽一起放入玻璃碗中，用手持電動攪拌器以8字方向攪打至8字可停留在麵糊表面3秒以上。加入香草精以低速攪打，將氣孔打散。

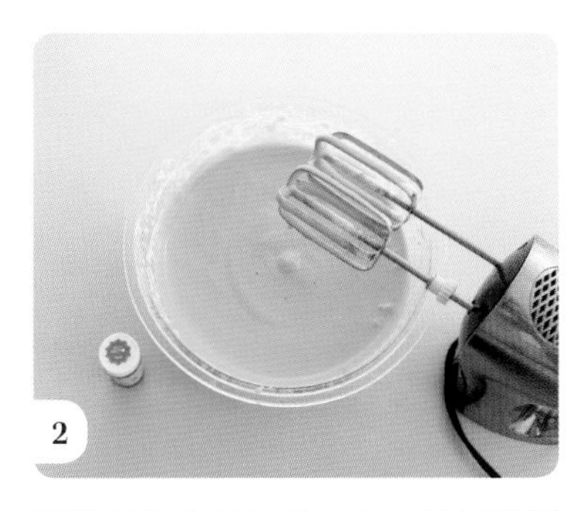

2

將粉紅色食用色素加入，攪打至顏色均勻。

3

將過篩的低筋麵粉和泡打粉加入，以攪拌刮刀小心拌勻，以避免麵糊消泡。

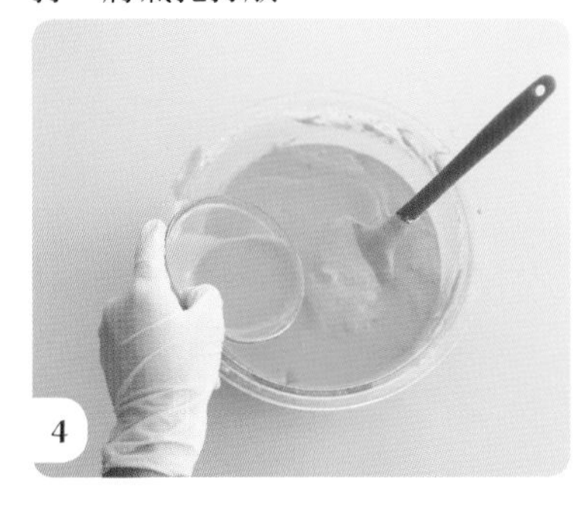

4

奶油和牛奶放入另一個小碗，隔水加熱融化，先由步驟3取出部分麵糊放入融化的奶油牛奶小碗中拌勻後，再倒回步驟3的麵糊中迅速攪拌均勻。

5

將蛋糕紙模放入馬芬烤盤，將麵糊填入至八分滿，放入預熱170℃的烤箱烘烤15分鐘後放涼（麵糊份量大約可烤出7～8個蛋糕）。

6 草莓奶油霜

置於室溫軟化的奶油放入玻璃碗中輕輕攪散，再加入草莓果醬攪拌均勻。

7 裝飾

留下6個完全放涼的杯子蛋糕，將剩餘的蛋糕使用篩網或食物攪拌機製成蛋糕粉。

8

杯子蛋糕上均勻塗滿草莓奶油霜。

9

草莓奶油霜沾滿步驟7的蛋糕粉，以同方法將棒狀餅乾做成兔子耳朵插在蛋糕上。剩下的草莓奶油霜放入擠花袋，畫出兔子耳朵、眼睛、嘴巴，再放上蘋果薄荷即可！

毛茸茸、暖呼呼的造型，咬下卻鬆軟可口。

羊咩咩達克瓦茲

份量：3隻

烤箱：烤溫170℃
烘烤12分鐘

咬下一口甜甜的達克瓦茲，鬆鬆軟軟的口感，彷彿就像是一隻毛茸茸的羊咩咩一樣，尤其在兩片達克瓦茲中間夾了奶油霜，滋味更是迷人！讀者也可以依照個人喜好，換上各種不同的果醬喔！

QR Code

材料

・達克瓦茲

蛋白 110克
砂糖 40克
低筋麵粉 15克
杏仁粉 80克
糖粉 55克
食用色素（橘色、黃色） 適量
表面用糖粉 50克

・奶油霜

奶油 150克
糖粉 30克
食用色素（褐色、粉紅色） 適量

事前準備

- 奶油置於室溫軟化備用。
- 圓形和星形花嘴放入擠花袋中備用。
- 烤盤布平鋪於烤盤上備用。

溫馨小提醒

- 製作奶油霜的步驟6，可依個人喜好加入些許的香草精或利口酒（liquor）來提升奶油霜風味。
- 可可粉雖然也可以替代褐色食用色素，但可能會造成奶油霜變稠。
- 將完成的達克瓦茲放入密封容器內，置於冰箱冷藏30分鐘以上熟成後再吃，口感會更加濕潤美味。

How to make

1 達克瓦茲

蛋白放大玻璃碗中，砂糖分兩次加入蛋白中，攪打至濕性發泡。

2

將過篩的低筋麵粉、杏仁粉和糖粉加入，以攪拌刮刀拌勻，切記不要讓蛋白霜消泡。

3

將麵糊分成兩半，一半加入橘色和黃色食用色素調成杏桃的顏色。

4

將杏桃色的麵糊填入裝有圓形花嘴的擠花袋中，在烤盤上擠出直徑6cm的圓形。再將白色的麵糊填入裝有星形花嘴的擠花袋中，圍著杏桃色圓形麵糊擠一圈小圓。

5

在擠好的麵糊表面撒上一次表面用糖粉，當糖粉開始融入麵糊時，再撒上第二次糖粉，並放入預熱至170°C的烤箱烘烤12分鐘後放涼。

6 奶油霜

置於室溫軟化的奶油放入玻璃碗中輕輕攪散，再加入糖粉攪拌均勻。

7 裝飾

在兩個碗中各自裝入一點奶油霜，分別加入褐色和粉紅色食用色素調色。

8

將完全放涼的達克瓦茲配對後，將其中一塊翻面，擠上奶油霜。

9

將另一塊達克瓦茲蓋上後，使用褐色和粉紅色奶油霜來繪製羊咩咩的臉部就完成了！

吱吱吱～我是淘氣的小猴子！

猴子巧克力麵包

做法在下一頁↓

份量：6隻

烤箱：烤溫180℃
烘烤15～20分鐘

猴子巧克力麵包

擁有表皮酥脆、內部柔軟兩種口感的巧克力麵包做出猴子臉部造型，同時在麵包中間夾入已加適量鹽調味過的奶油，就能營造出甜甜鹹鹹、魅力十足的好滋味。剛出爐熱騰騰的甜麵包，就是世界上最好吃的麵包了！

QR Code

材料

・麵包麵團

高筋麵粉 220 克
速發乾酵母 4 克
砂糖 30 克
鹽 3 克
牛奶 30 克
水 65 克
雞蛋 50 克
奶油 25 克
加鹽奶油 30 克

・巧克力奶酥

奶油 40 克
砂糖 35 克
雞蛋 25 克
低筋麵粉 40 克
可可粉 5 克

・裝飾用

迷你巧克力餅乾 12 塊
免調溫巧克力 適量

事前準備

- 奶油和加鹽奶油置於室溫軟化備用。
- 0.7cm圓形花嘴放入擠花袋中備用。
- 烤盤布平鋪於烤盤上備用。

溫馨小提醒

麵包不論在第一次或第二次發酵時，皆可置於微波爐或烤箱等密閉式空間發酵，再放上裝有熱水的馬克杯，關上門即可，切記勿開烤溫！不過使用烤箱發酵時，因爲烤箱還必須預熱，因此在第二次發酵完成前5～10分鐘，就先將麵團取出。此外，還可以用同樣的方式在塑膠收納箱和保麗龍箱內發酵。

How to make

1 **麵包麵團**

將高筋麵粉放入玻璃碗內，並挖出三個洞。在各個洞裡分別放入速發乾酵母、砂糖、鹽後仔細和勻。

2

將牛奶、水、雞蛋倒入玻璃碗內，揉壓成一塊麵團。

3

等到麵團揉壓至不再沾手和玻璃碗的「三光」狀態時，加入置於室溫軟化的奶油後再次揉壓。

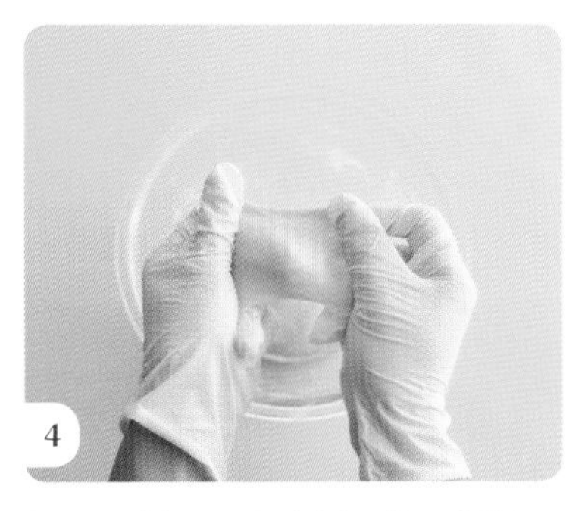

4

揉壓至撕下一小塊麵團往兩側拉開時，可拉長至有薄膜即可。

5

以保鮮膜包覆麵團避免乾燥，在溫暖處進行第一次發酵到麵團膨脹至兩倍大。

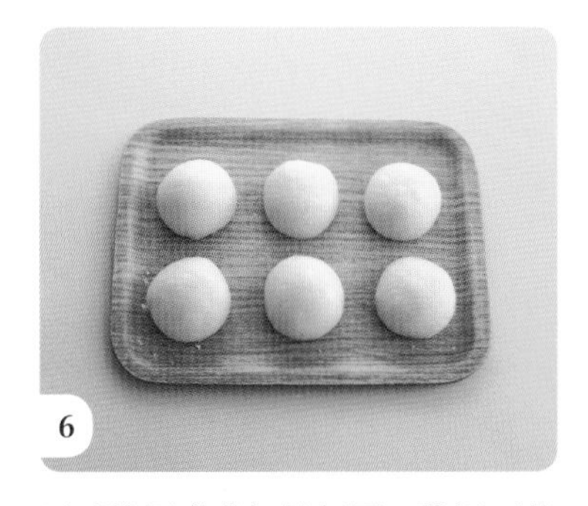

6

用手擠壓發酵好的麵團，將裡面的氣體排出，再分成每個65克大小並揉成圓形。再用保鮮膜或布包覆麵團，放置15分鐘進行中間發酵。

7 **巧克力奶酥**

置於室溫軟化的奶油放入玻璃碗中輕輕攪散，再加入白砂糖攪拌均勻。

8

加入打散的雞蛋小心攪拌，注意不要造成油水分離。再加入過篩的低筋麵粉和可可粉，並使用攪拌刮刀攪拌至看不見粉末為止。

9 **裝飾**

在中間發酵好的麵團中包入加鹽奶油，置於迷你巧克力餅乾上。放在溫暖處進行二次發酵（大約40分鐘）到麵團膨脹至1.5倍左右為止。

10

將巧克力奶酥填入裝有7mm花嘴的擠花袋中，在二次發酵完成的麵團表面畫上心形，再以圍繞著的方式將心形外圈填滿。使用隔水加熱融化的免調溫巧克力畫上臉部表情。

11

放入預熱至180°C的烤箱中烘烤15～20分鐘後就完成了！

我的烘焙筆記！

享受手撕品嘗的樂趣！

柴犬小餐包

做法在下一頁 ↓

份量：20×20公分烤盤 1盤

烤箱：烤溫170℃烘烤20分鐘

柴犬小餐包

看那柴犬一副開朗的表情，很可愛吧？仔細看，還可以發現每隻柴犬的表情都不同，甚至還有用屁屁示人的柴犬呢！因為麵團裡加了可可粉，除了吃起來帶有些許的巧克力香氣之外，顏色也很美麗喔！

QR Code

材料

・基礎麵團

高筋麵粉 300 克
速發乾酵母 6 克
砂糖 30 克
鹽 5 克
牛奶 220 克
奶油 20 克

・巧克力麵團

可可粉 3 克
水 10 克

・裝飾用

黑、白、粉紅色巧克力筆

事前準備

奶油置於室溫軟化備用。

溫馨小提醒

麵團進行二次發酵時，常有耳朵和尾巴的麵團掉落的情形。建議一開始就使用尖銳的工具將耳朵和尾巴仔細固定在身體麵團上，或用牛奶沾黏，讓麵團固定！

How to make

1 基礎麵團

將高筋麵粉放入玻璃碗內，並挖出三個洞。在各個洞裡分別放入速發乾酵母、砂糖、鹽攪拌過後，加入牛奶揉成麵團。

2

等到麵團揉壓至不再沾手和玻璃碗的「三光」狀態時，加入置於室溫軟化的奶油後再次揉壓。

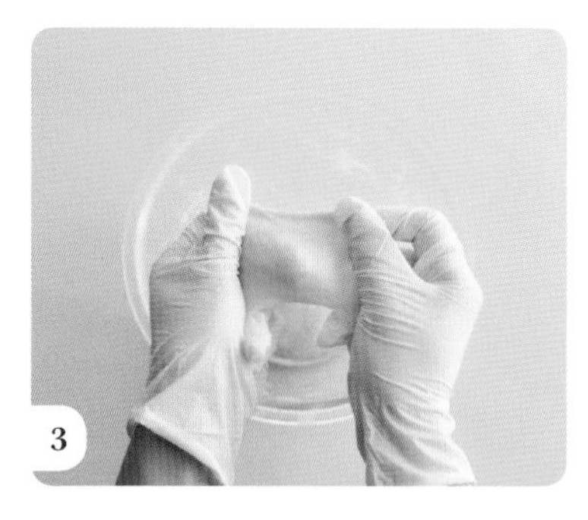

3

揉壓至撕下一小塊麵團往兩側拉開時，可拉長至有薄膜即可。

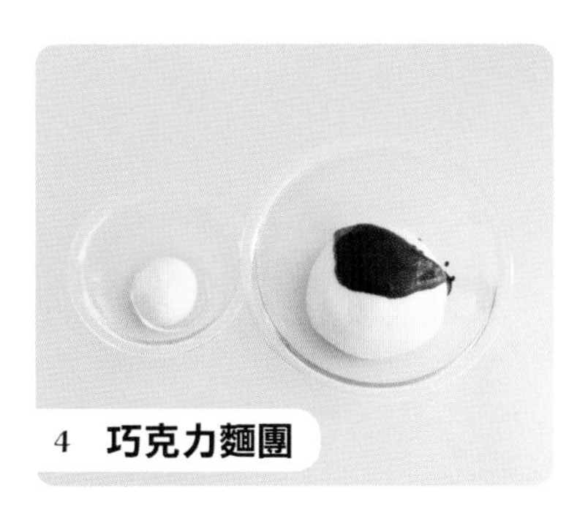

4 巧克力麵團

從基礎麵團中取出70克備用。先將可可粉和水混合，再將可可水倒入剩餘的麵團中，製作成巧克力麵團。

5

用保鮮膜將所有麵團包覆以避免乾燥，在溫暖處進行第一次發酵到麵團膨脹至兩倍大。

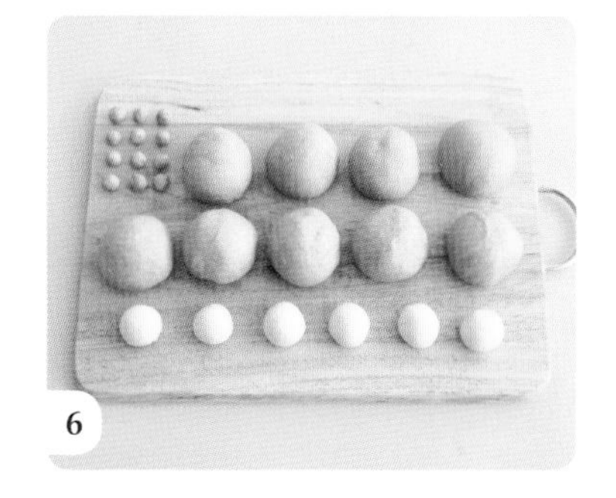

6

巧克力麵團分為 10 克 ×12 份，剩餘麵團分9等分。70克白色基礎麵團取出10克尾巴用，剩下分為6等分，將麵團搓揉成圓形，用布包覆麵團，放置15分鐘進行中間發酵。

7 裝飾

6等分白色基礎麵團擀成長片，包住9等分巧克力麵團（包6個）的半邊，做成柴犬的臉部。分成12等分小塊巧克力麵團做成耳朵的形狀。

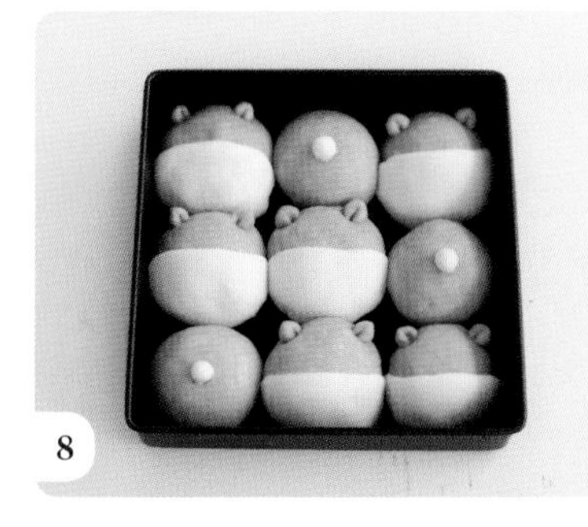

8

正方形烤盤中放入臉部麵團再黏上耳朵。剩餘空間放入剩下的巧克力麵團，並黏上尾巴。置於溫暖處30分鐘進行二次發酵後，放入預熱170 ℃的烤箱中烘烤 20 分鐘。

9

將烤至金黃色的餐包完全放涼後，再用巧克力筆畫出柴犬的五官就完成了！

蓋上酥脆的餅乾，外酥內軟，好好吃！

黃金鼠哈密瓜麵包

份量：6隻

烤箱：烤溫170℃
烘烤20分鐘

哈密瓜麵包同時擁有了表皮酥脆、內部柔軟兩種不同的魅力。外表是酥脆的餅乾，裡面則是加了哈密瓜的奶油餡，一咬下去，滿口都是哈密瓜的滋味和香氣。除了可以照著食譜使用哈密瓜牛奶外，也可以自行變化，改用香蕉牛奶或草莓牛奶來製作喔！

QR Code

材料

・黃金鼠麵包

高筋麵粉 175克
低筋麵粉 80克
速發乾酵母 4克
砂糖 40克
鹽 4克
雞蛋 50克
牛奶 100克
奶油 20克

・餅乾

奶油 28克
砂糖 72克
雞蛋 45克
低筋麵粉 120克

・哈密瓜奶油餡

雞蛋 50克
砂糖 20克
低筋麵粉 8克
哈密瓜牛奶 120克

・糖霜（Icing）

蛋白 4克
糖粉 30克
檸檬汁 2克

・裝飾用

砂糖
蛋黃
食用色素（粉紅色、褐色）適量

事前準備

- 奶油置於室溫軟化備用。
- 用於哈密瓜奶油餡的低筋麵粉過篩備用。
- 烤盤布平鋪於烤盤上備用。

溫馨小提醒

- 家庭用烤箱離加熱管較近，容易將麵包表面烤得太焦，不妨使用錫箔紙或烤盤覆蓋麵包表面，阻擋直接加熱。
- 當糖霜濃度過稠時可加入蛋白調整，過稀時可加入糖粉調整。

How to make

1 **麵包麵團**

將高筋麵粉和低筋麵粉放入玻璃碗內，並挖出三個洞。在各個洞裡分別放入速發乾酵母、砂糖、鹽後仔細和勻。

2

將雞蛋和牛奶混合後，倒入玻璃碗內揉壓成麵團。

3

麵團揉壓至不再沾手和玻璃碗的「三光」狀態時，加入置於室溫軟化的奶油後再次揉壓。

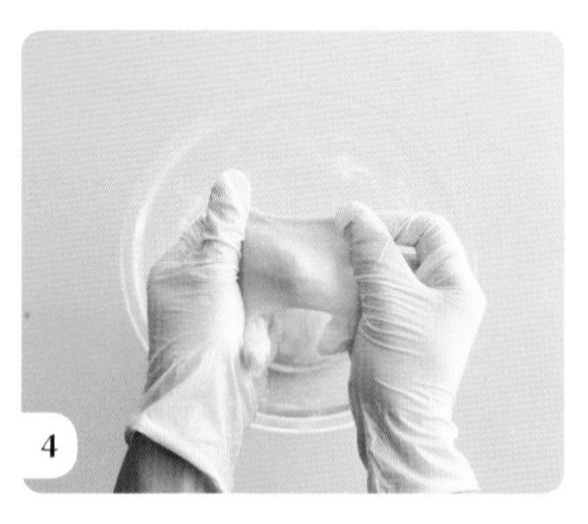

4

揉壓至撕下一小塊麵團往兩側拉開時，可拉長至有薄膜即可。

5

以保鮮膜包覆麵團避免乾燥，在溫暖處進行第一次發酵到麵團膨脹至兩倍大。

6 **餅乾**

將置於室溫軟化的奶油放入玻璃碗中輕輕攪散，再依序加入砂糖和雞蛋攪拌均勻。

7

加入過篩的低筋麵粉，使用攪拌刮刀拌勻至看不見粉末，整型成餅乾麵團。

8

用保鮮膜或塑膠袋將麵團包好，放入冰箱冷藏30分鐘以上。

9 **哈密瓜奶油餡**

將雞蛋和白砂糖放入鍋中以打蛋器攪拌，加入過篩的低筋麵粉，攪打均勻至沒有顆粒狀。

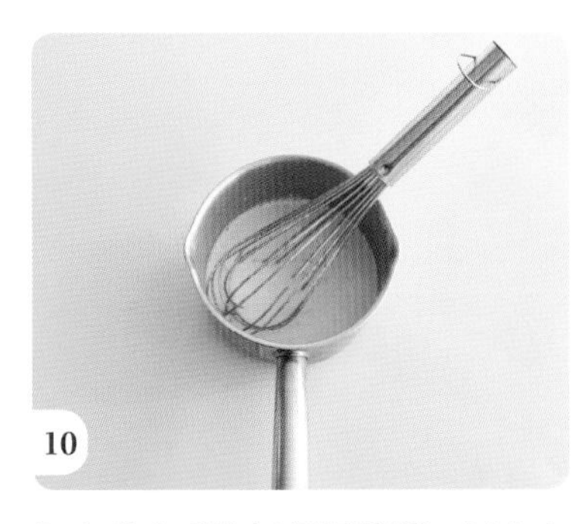

加入哈密瓜牛奶輕輕攪拌，以小火邊加熱邊攪拌，以避免奶油餡沾鍋黏底。

當奶油餡變稠之後即可離火放涼。以保鮮膜密封覆蓋，避免奶油餡表面乾掉。

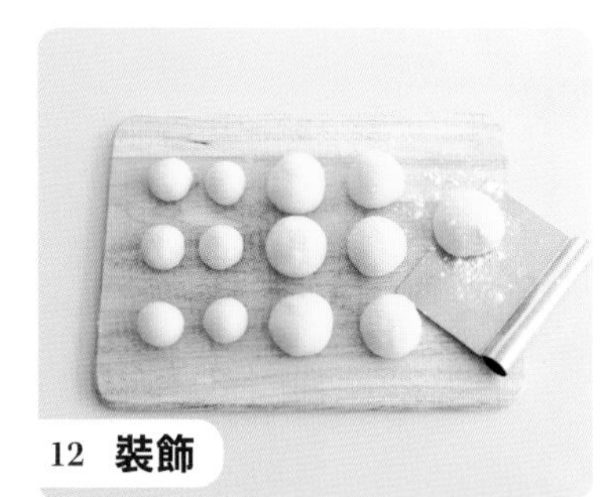

發酵完成的麵團以手擠壓排出氣體，並分成6個20克（頭部）、6個48克（身體）及剩餘麵團，揉成圓形以保鮮膜包覆，放置15分鐘進行中間發酵。

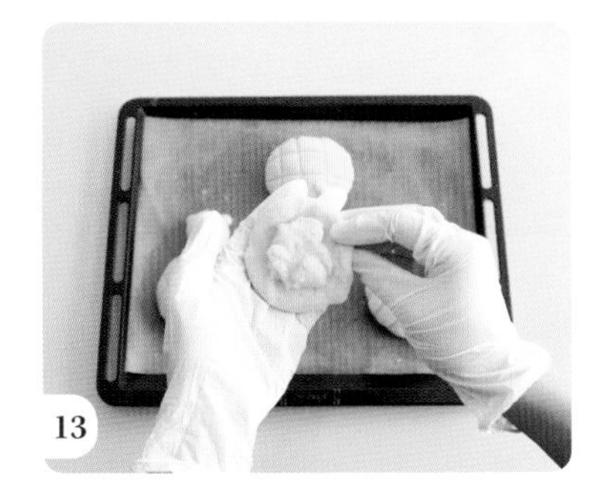

中間發酵好的麵團搓揉成圓形讓氣體排出後，將身體部分的麵團捏成扁平狀，包入哈密瓜奶油餡。

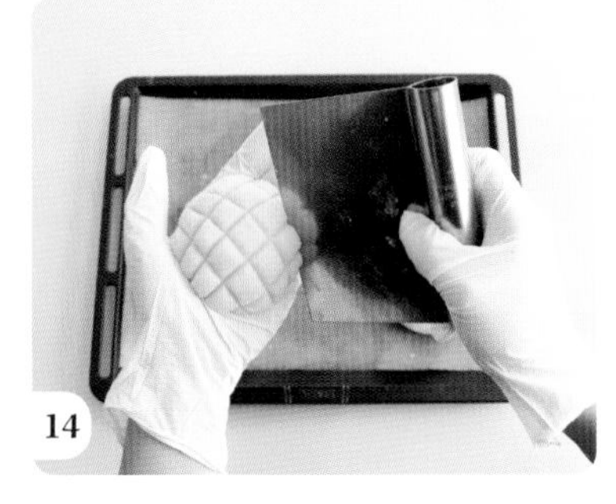

將餅乾麵團分成每個45克大小，擀成圓薄片後，包住身體部分的麵團。先在麵團表面上沾滿砂糖，再使用刮板畫出格紋。

黃金鼠頭部麵團黏於餅乾麵團上，剩下麵團做出耳朵和手臂。黃金鼠單側頭部塗上蛋黃液，於溫暖處30分鐘進行二次發酵，放入預熱170°C烤箱烘烤20分鐘後放涼。

將蛋白、糖粉、檸檬汁放入碗中，混合製成糖霜。

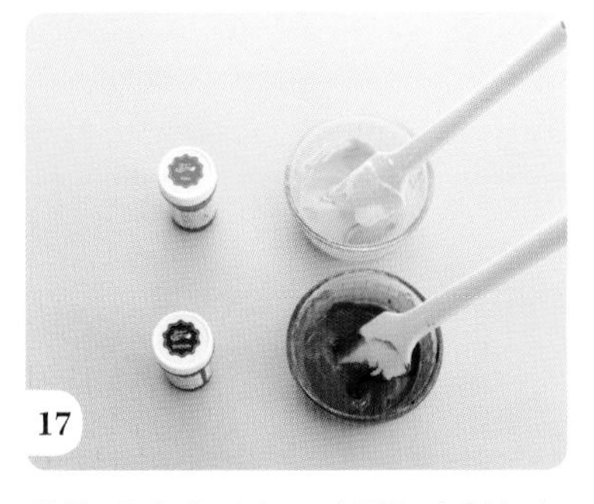

將糖霜分成兩半，分別加入粉紅色和褐色食用色素調色。

在完全放涼的哈密瓜麵包上，以糖霜畫出黃金鼠的五官後就完成了！

PART 2

造型中階版
超有趣！

這些甜點太可愛了！
每個都讓人驚聲尖叫！
超乎想像的烘焙甜點！

份量：27×35公分
烤盤 1盤
烤箱：烤溫100℃
烘烤2小時

春風徐徐，櫻花開滿枝椏～

櫻花馬林糖

用法式蛋白霜做成的櫻花馬林糖，因為加上了枝幹，讓櫻花馬林糖看起來更加逼真！只要有櫻花花嘴在手，就能輕易做出這道美麗又可愛的甜點！

材料

蛋白 1顆
砂糖 35克
香草精 3～4滴
食用色素（褐色、粉紅色）適量

事前準備

- 0.4cm圓形花嘴和櫻花花嘴分別放入擠花袋中備用。
- 烤盤布平鋪於烤盤上備用。

溫馨小提醒

法式蛋白霜的製作過程比義式蛋白霜還要簡單許多，但氣泡構造也較義式蛋白霜微弱，有可能會因打過頭而造成過發。使用食用色素調色時，建議使用手持電動攪拌器在短時間內快速攪拌，讓顏色均勻，會比使用攪拌刮刀攪拌來得快又簡單。

How to make

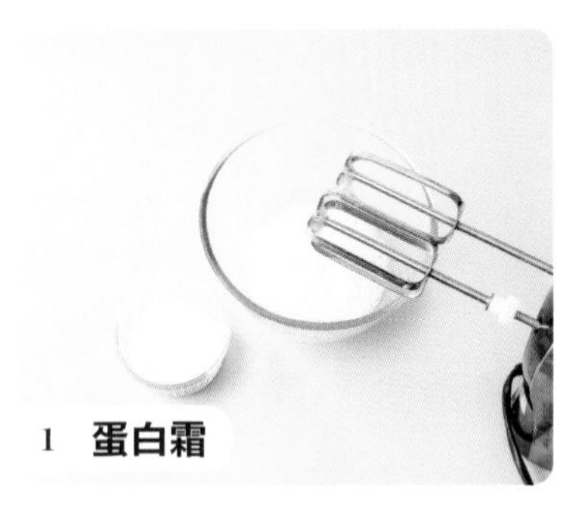

1 **蛋白霜**

將蛋白放入玻璃碗中，使用手持電動攪拌器攪打至出現大泡泡後，將砂糖分成三次加入攪打。

2

攪打至蛋白霜出現尖挺狀的硬性發泡後，加入香草精，攪拌器轉為低速攪打30秒。

3

將蛋白霜分成三等分放入小碗中，分別加入食用色素調製成褐色、粉紅色、白色的蛋白霜。

4 **裝飾**

將褐色蛋白霜填入裝有0.4cm圓形花嘴的擠花袋中，並將粉紅色與白色蛋白霜同時填入裝有櫻花花嘴的擠花袋中。

5

先以褐色蛋白霜在烤盤上畫出樹枝，再使用粉紅色蛋白霜在樹枝上畫出櫻花。放入預熱至100℃的烤箱中烘烤2小時就完成了！

我的烘焙筆記！

藏在白雲間的迷幻彩虹～！

白雲彩虹棒棒糖

做法在下一頁⬇

份量：27×35公分
烤盤 2盤
烤箱：烤溫100℃
烘烤2小時

白雲彩虹棒棒糖

以義式蛋白霜做出的馬林糖，在製作過程中不僅比法式蛋白霜還不易消泡，連成品的酥脆口感也是更加持久。將香甜酥脆的馬林糖放在冰棒棍上一起烘烤，不僅食用方便，也易於包裝。

材料

砂糖 70 克
水 30 克
蛋白 1 顆
香草精 3～4 滴
食用色素（紅、橙、黃、綠、藍、紫色）適量

事前準備

- 0.4cm圓形花嘴放入擠花袋中備用。
- 烤盤布平鋪於烤盤上備用。

溫馨小提醒

製作義式蛋白霜時，溫度的掌控最爲重要。若糖漿的溫度升至太高，就會變得像糖果一樣硬，因此煮糖漿時的溫度要特別留意。雖然一開始可能會覺得熬煮糖漿的過程有點困難，但在熟悉之後，就能做出好看又好吃的馬林糖了！

How to make

1 **蛋白霜**

砂糖和水放入鍋中，以中小火煮到118～121℃。若火的大小大於鍋底，容易將砂糖煮焦，要特別注意。

2

糖漿的溫度超過115℃時，再開始打蛋白。將蛋白放入玻璃碗內，以手持電動攪拌器打至起泡，當糖漿煮至指定溫度時，分次倒入蛋白液中打發。

3

攪打至蛋白霜出現尖挺狀的硬性發泡後，加入香草精，攪拌器轉為低速攪打30秒。

4

將蛋白霜分為7等分，並將其中6份加入六色食用色素調色，以攪拌刮刀攪拌至顏色均勻。

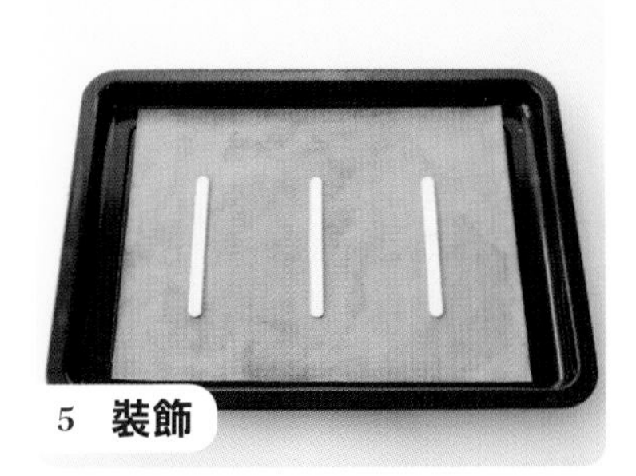

5 **裝飾**

在烤盤隔出適當間距，放上冰棒棍。

6

將各色蛋白霜分別填入裝有0.4cm圓形花嘴的擠花袋中，在冰棒棍上擠出彩虹和雲朵的造型。放入預熱至100℃的烤箱中烘烤2小時就完成了！

加入真正西瓜，滋味與外型UP！

西瓜馬卡龍

份量：12顆
烤箱：烤溫150℃
烘烤12～14分鐘

不添加西瓜香料，使用西瓜真材實料做成的西瓜造型馬卡龍。中間夾上用西瓜製成的果醬，讓你可以同時享受到酥脆口感和香甜的全新好滋味。
裡裡外外怎麼看都是西瓜的馬卡龍！不只外表可愛誘人，就連吃的時候都能享受到不同樂趣喔！

材料

・馬卡龍餅皮

杏仁粉 55 克
糖粉 55 克
蛋白 70 克
砂糖 65 克
食用色素（綠色、黑色） 適量

・西瓜果醬

西瓜果肉 250 克
西瓜果肉（白皮部分）150 克
砂糖 50 克
檸檬汁 1 大匙

・西瓜奶油霜

奶油 100 克
糖粉 10 克
西瓜果醬 130 克
食用色素（紅色） 適量

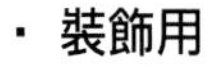

・裝飾用

葵花子巧克力 適量

事前準備

・1.5cm圓形花嘴放入擠花袋中備用。
・奶油置於室溫軟化備用。
・烤盤布平鋪於烤盤上備用。

溫馨小提醒

・調整馬卡龍麵糊濃度過程中若是過度攪拌，會造成馬卡龍餅皮變薄或油水分離的現象而提高失敗率。
・一開始將乾料與蛋白霜混合時，爲了避免消泡，務必輕輕攪拌，待拌匀後再將麵糊由下往上攪拌。攪拌途中請記得使用刮刀確認麵糊濃度，當麵糊開始出現光澤，並可從刮刀緩緩滴下時，就是最完美的狀態。

How to make

1 **馬卡龍餅皮**

將杏仁粉及糖粉過篩備用。若使用粉狀食用色素，必須在此階段一起過篩；若使用液態食用色素，只須稍後再拌入蛋白霜即可。

2

將蛋白放入無水無油的玻璃碗中，以電動攪拌器打發，並分2～3次加入砂糖，先將蛋白霜打至濕性發泡，加入綠色液態食用色素，再攪打到硬性發泡。

3

加入過篩的杏仁粉及糖粉，以攪拌刮刀由下往上輕輕攪拌。

4

當材料混合至90%時，取出1/4麵糊置於小碗，再加入黑色食用色素，做為西瓜條紋的顏色。將兩色麵糊攪拌至發出光澤即可。

5

裝有1.5cm圓形花嘴的擠花袋上，以黑色麵糊畫上條紋後，填入綠色麵糊。

6

在烤盤上擠出直徑5公分的圓形，做為馬卡龍餅皮。

7 **烘烤**

靜置於室溫30分～1小時待麵糊完全乾燥（結皮）後，試著用手輕輕觸碰餅皮，若沒有發生沾黏現象，即可放入預熱至150℃的烤箱中烘烤12～14分鐘後放涼。

8 **西瓜果醬**

將去籽的西瓜果肉（包含白皮部分）切成1公分方塊，並和砂糖一起放入鍋中靜置30分鐘。

9

以中火將步驟8煮至沸騰後，轉成小火繼續熬煮，途中請持續拌攪至西瓜果醬產生光澤及稠度。當西瓜果醬開始變稠時，加入檸檬汁並離火放涼。

10 西瓜奶油霜內餡

將置於室溫軟化的無鹽奶油放入玻璃碗中輕輕攪散，混入糖粉拌勻後，再加入放涼的西瓜果醬及紅色色素攪拌均勻。

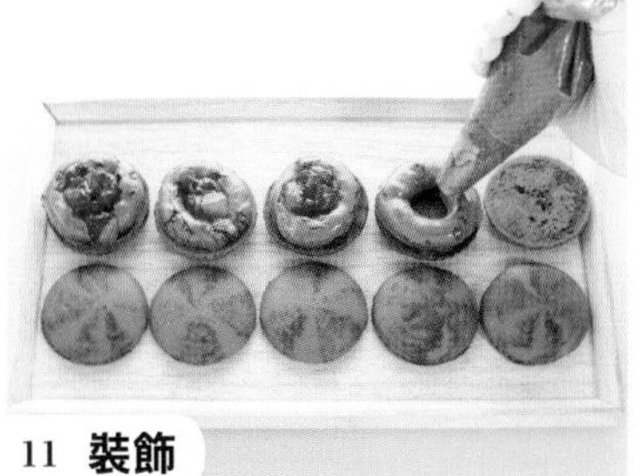

11 裝飾

使用擠花袋在成對的單邊馬卡龍餅皮上擠兩圈西瓜奶油霜，中間放入西瓜果醬。

12

將另一邊的餅皮合上後，放入冰箱冷藏至奶油霜產生一點硬度，再放上葵花子巧克力裝飾後就完成了。

我的烘焙筆記！

來杯？來塊？星冰樂！

星冰樂馬卡龍

份量：星冰樂馬卡龍10～12顆
烤箱：烤溫150℃烘烤12～14分鐘

香甜冰涼的星冰樂搖身一變成了飽滿可愛的馬卡龍！
相似度高達 99% 的「星冰樂」，有著滿滿的鮮奶油，插上吸管、星巴克 LOGO，即使製作過程有點繁複，但一口咬下時，還是心滿意足！

材料

・馬卡龍餅皮
杏仁粉 60 克
糖粉 80 克
砂糖 40 克
水 40 克
蛋白 50 克

・甘納許
調溫黑巧克力 150 克
鮮奶油 150 克
奶油 40 克

・義式奶油霜
砂糖 44 克
水 12 克
蛋白 35 克
奶油 112 克

・裝飾用
免調溫白巧克力 50 克
食用色素（綠色）適量

事前準備

- 奶油置於室溫軟化備用。
- 1cm圓形花嘴放入擠花袋中備用。
- 烤盤布平鋪於烤盤上備用。

溫馨小提醒

- 調整馬卡龍麵糊濃度（Macaronage）的方法有很多種。有的人習慣在玻璃碗壁將麵糊展開又集中的方法，也有人愛朝著同一個方向攪拌麵糊。請多嘗試各種不同的手法，再找出一個最適合自己的方法。製作馬卡龍時，即使使用相同材料，調整馬卡龍麵糊濃度的次數也會依據材料保存狀態和天氣不同而有所變動。因此在製作時，請隨時確認麵糊狀態，一步步完成。
- 在等待馬卡龍餅皮乾燥結皮時，可以製作甘納許以節省時間。

How to make

1 **馬卡龍餅皮**

杏仁粉及糖粉過篩備用。

2

砂糖和水放入鍋中，以中小火煮到118～121℃。若火的大小大於鍋底，容易將砂糖煮焦，要特別注意。

3

糖漿的溫度超過115℃時，再開始打蛋白。將蛋白放入玻璃碗內，以手持電動攪拌器打至起泡，當糖漿煮至指定溫度時，分次倒入蛋白液中打發。

4

攪打至蛋白霜出現鳥嘴般的濕性發泡。

5

將過篩的乾料加入蛋白霜中，以攪拌刮刀攪拌，調整馬卡龍麵糊的濃度，直至麵糊出現光澤，並稍微會從刮刀上流下的狀態即可。

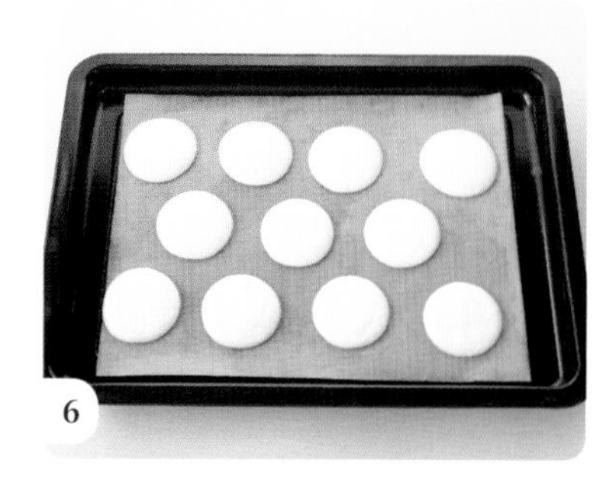

6

將麵糊填入裝有1cm圓形花嘴的擠花袋中，在烤盤上擠出約直徑5cm大小的麵糊，置於室溫乾燥1小時左右，等待表面結皮。

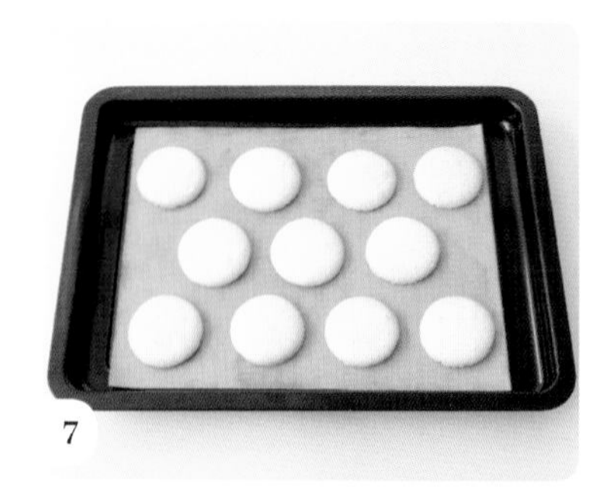

7

1小時後，試著以手輕輕觸碰餅皮，若沒有發生沾黏現象，即可放入預熱至150℃的烤箱中烘烤12～14分鐘後放涼。

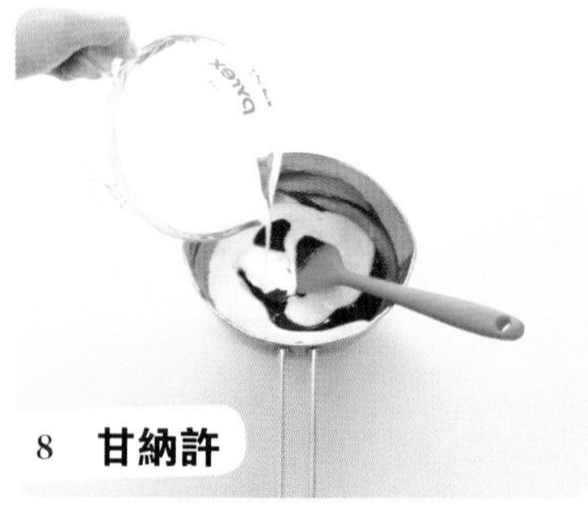

8 **甘納許**

將調溫黑巧克力放入鍋子，以隔水加熱方式將巧克力融化，倒入加熱過的鮮奶油拌勻。

9

待鮮奶油和巧克力攪拌均勻後，再加入置於室溫軟化的奶油攪拌均勻。

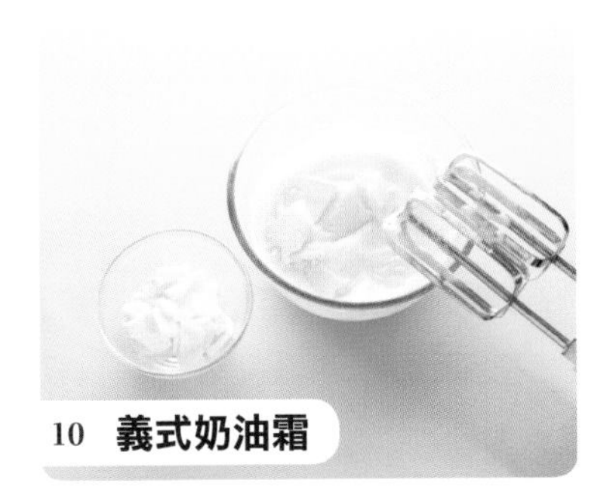

10 **義式奶油霜**

依照製作馬卡龍外殼的步驟2、3打好義式蛋白霜後，分次加入軟化的奶油，攪打成硬挺的義式奶油霜。

11 **裝飾**

將免調溫白巧克力以隔水加熱方式融化後，分成兩半，其中一半加入綠色食用色素調色。將綠色巧克力整型成圓形薄片後，在上面用白色巧克力畫上星巴克的LOGO。

12

在兩塊馬卡龍外殼中間擠上甘納許做為夾心，並貼上星巴克的LOGO。接著只要在馬卡龍上層擠上象徵鮮奶油的義式奶油霜就完成了！

清新酸甜好滋味，讓人口水直流～

檸檬餅乾

份量：16～18塊
烤箱：烤溫175℃
烘烤12～15分鐘

清脆香甜的滋味，再加上一股清爽的酸味，提升了餅乾原本的風味。這款檸檬餅乾滋味絕佳，建議多做，只要將做好的麵團冷凍，想吃的時候就烤一點來吃，尤其是有客人突然來訪，就可以端出現烤餅乾招待，很不錯吧！

材料

・白色麵團

奶油 50 克
砂糖 20 克
鹽 1 小撮
蛋白 11 克
低筋麵粉 95 克

・黃色麵團

奶油 150 克
砂糖 60 克
鹽 1 克
蛋黃 30 克
檸檬汁 5 克
低筋麵粉 285 克
食用色素（黃色）適量

・裝飾用

蛋白 適量
砂糖 適量

事前準備

- 奶油置於室溫軟化備用。
- 烤盤布平鋪於烤盤上備用。

溫馨小提醒

- 餅乾麵團冷凍時，可以利用保鮮膜或鋁箔紙中間的紙芯，就能做出漂亮的形狀。將紙芯縱向剪開後，放入用保鮮膜包好的麵團，就能做出完美的圓柱狀冷凍麵團。
- 若冷凍餅乾麵團切片時發現麵團裂開，可置於室溫稍微融化後再切即可。

How to make

1 **白色麵團**

置於室溫軟化的奶油放入玻璃碗中輕輕攪散，再加入砂糖和鹽攪打至糖鹽溶解。

2

加入打散的蛋白攪打，攪打時請注意不要造成油水分離。

3

將過篩的低筋麵粉加入，使用攪拌刮刀以切拌的方式拌勻，完成白色餅乾麵團。

4 **黃色麵團**

依照步驟1將奶油與砂糖、鹽放入玻璃碗混合後，依序加入蛋黃和檸檬汁攪打均勻。

5

將過篩的低筋麵粉加入，使用攪拌刮刀以切拌的方式攪拌，再加入黃色食用色素拌勻，完成黃色餅乾麵團。

6

用保鮮膜將兩色麵團包覆避免乾燥，靜置冰箱冷藏1小時。

7 **裝飾**

將冷藏好的黃色麵團分切成7等分。

8

將白色麵團分切成兩半後，將其中一半分切成6等分。

9

分成7等分的黃色麵團，取出6等分搓揉成長條狀。

將分成6等分的白色麵團，也搓揉成6條長條狀，與黃色麵團交替黏合。黏合時可在麵團接面處塗上蛋白液。

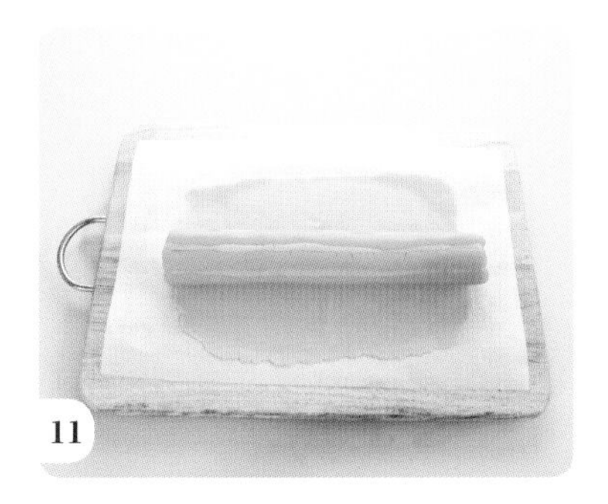

將黏好的麵團搓揉成圓柱狀。再將剩餘的白色麵團擀成長薄片，塗上蛋白液，再包住先前的圓柱狀麵團。

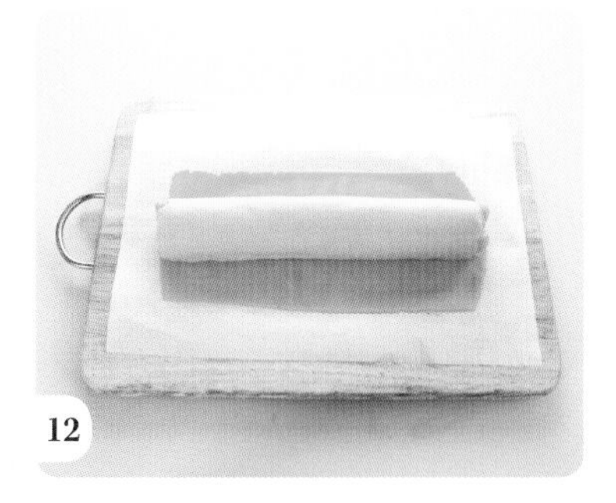

將剩餘的黃色麵團擀成長薄片，依步驟11的方式包住麵團。

用烘焙紙或保鮮膜將圓柱狀的餅乾麵團包好，冷凍至少2小時以上。

自冷凍庫取出變硬的餅乾冷凍麵團，表面塗上一層蛋白液，再放到砂糖上滾動，讓砂糖平均沾附在表面上。

麵團沾附好砂糖後，平均切成0.7～1cm的厚度。

將餅乾麵團置於烤盤上，放入預熱175℃的烤箱中烘烤12～15分鐘就完成了！

份量：15枚
烤箱：烤溫170℃
烘烤12分鐘

閃耀動人，藏著滿滿心意~

寶石戒指餅乾

香濃的杏仁餅乾與香甜的糖果相遇，變成了讓人心情愉悅的寶石戒指餅乾。將各色半透明的糖片置於陽光底下照射，就會變得更加閃耀動人。現在就動手製作漂亮的寶石戒指餅乾，向心愛的人表達心意吧！

材料

・杏仁餅乾
奶油 75 克
砂糖 15 克
糖粉 40 克
鹽 1 克
雞蛋 30 克
香草精 3～4 滴
低筋麵粉 170 克
杏仁粉 20 克

・寶石糖片
水 10 克
砂糖 37 克
水麥芽 18 克
食用色素（顏色任選）適量

事前準備

- 奶油置於室溫軟化備用。
- 烤盤布平鋪於烤盤上備用。

溫馨小提醒

- 在兩塊麵團接合處塗上蛋白液就能輕易黏合。若未先將麵團完全黏合，烤出時成品可能出現分離的情況。建議用矽膠刷沾取蛋白液，將兩塊麵團確實黏合再送入烤箱。
- 製作餅乾的剩餘麵團，隨手搓揉成小圓球，中間放上杏仁或核桃後放入烤箱烤一烤，美味的堅果餅乾就完成了。

How to make

1 **杏仁餅乾**

軟化的奶油放入玻璃碗中攪散，加入砂糖、糖粉、鹽拌勻。打散的雞蛋分兩次加入，攪拌請小心不要造成油水分離。待麵糊拌勻後，加入香草精繼續攪拌。

2

將過篩的低筋麵粉和杏仁粉加入，使用攪拌刮刀以切拌的方式攪拌至看不見粉狀為止。

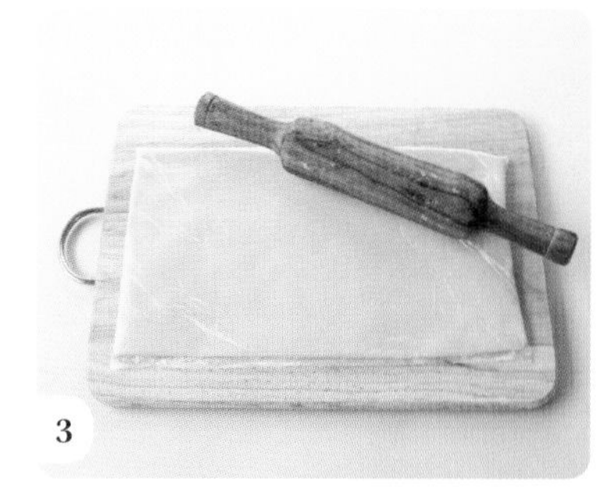

3

將成團的餅乾麵團放入塑膠袋中，擀成0.4cm的厚度，再放入冰箱冷藏1個小時。

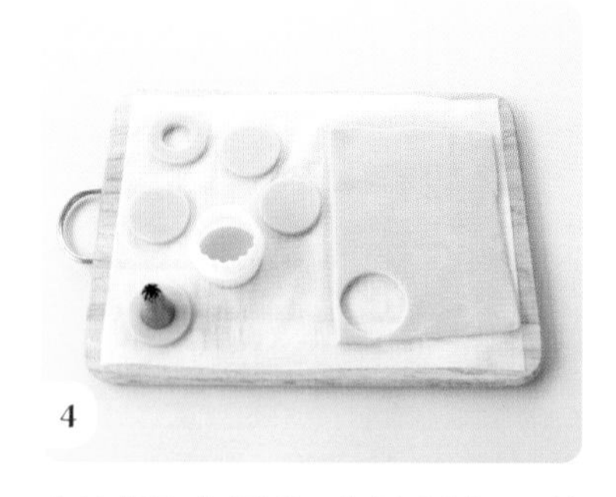

4

自冰箱取出麵團，先用直徑6cm的餅乾模將麵團壓成圓形，再使用花嘴另一端將圓形麵團壓成環狀。

5

在剩餘的麵團上使用星星、愛心等餅乾模壓出自己想要的形狀，並在內側使用更小的模型或刀子做出稍後要鑲嵌糖片的空間。

6

使用另外的蛋白液將步驟4和步驟5麵團黏合，放入預熱170℃的烤箱中烤12分鐘。

7 **寶石糖片**

將水和砂糖放入鍋中煮至砂糖完全融化，加入水麥芽用中火熬煮3～4分鐘。熬煮時千萬不可攪拌糖漿。

8

在熬煮變稠的糖漿中，加入食用色素調色，攪拌均勻後即可離火。若想要做出不同色彩的寶石糖片，只要反覆步驟 7、8製作即可。

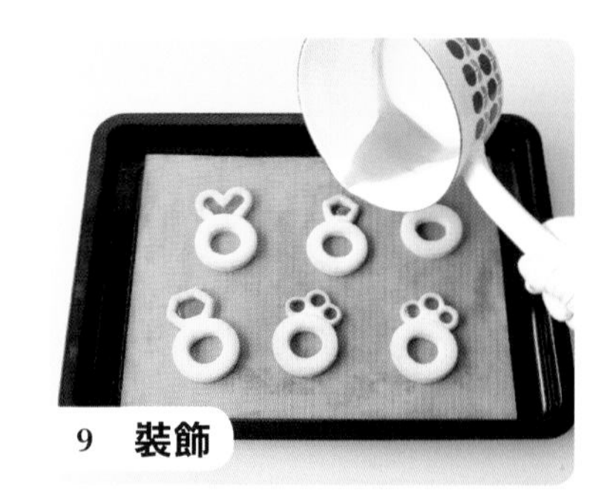

9 **裝飾**

在烤成金黃色的餅乾中，倒入寶石糖片的糖漿，置於涼爽處等待糖片變硬就完成了！

不管什麼時候都想大快朵頤！

炸雞餅乾

做法在下一頁

份量：27×35公分烤盤 2盤

烤箱：烤溫175℃ 烘烤12～14分鐘

炸雞餅乾

添加了香濃花生醬的奶酥餅乾，做成炸雞造型，讓人分不清楚究竟是炸雞還是餅乾。如果再將奶酥餅乾塗上一層酸酸甜甜的草莓果醬，看起來就像韓式辣醬炸雞了！現在就來動手做做原味和沾醬等兩種口味的炸雞餅乾吧！

材料

・花生餅乾

奶油 60 克
花生醬 20 克
鹽 1 克
糖粉 55 克
蛋黃 1 顆
低筋麵粉 160 克
杏仁粉 30 克

・乾性奶酥

奶油 35 克
花生醬 20 克
砂糖 75 克
鹽 1 小撮
雞蛋 10 克
低筋麵粉 90 克

・裝飾用

蛋白 20 克
草莓果醬 100 克

事前準備

- 奶油和花生醬置於室溫軟化備用。
- 烤盤布平鋪於烤盤上備用。

溫馨小提醒

用剩的奶酥可以做成很多不同變化的食譜。例如和蘋果一起烘烤成蘋果奶酥（Crumble Apple），或是包入麵包麵團裡烤成奶酥麵包，也可以放在塔皮上烤成奶酥塔（Crumble Tart）。使用冷藏花生醬製成奶酥，可置於冰箱冷凍保存長達2～3個月。

How to make

1 **花生餅乾**

置於室溫軟化的奶油和花生醬放入玻璃碗中輕輕攪散，再加入鹽和糖粉拌勻。

2

加入蛋黃，輕輕用打蛋器攪拌均勻，以避免發生油水分離。

3

將過篩的低筋麵粉和杏仁粉加入，再使用攪拌刮刀切拌均勻，完成餅乾麵團。

4

將餅乾麵團用保鮮膜包好避免乾燥，先擀成0.4cm的厚度，再放入冰箱冷藏1小時。

5 **奶酥**

將置於室溫軟化的奶油和花生醬放入玻璃碗中輕輕攪散，再加入砂糖和鹽攪拌均勻。

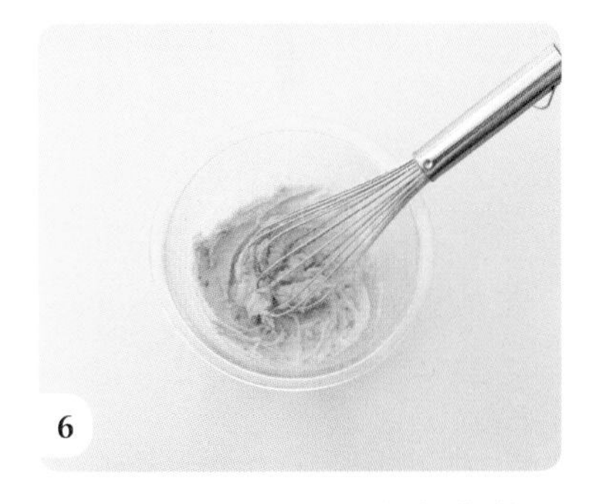

6

加入蛋黃，用打蛋器輕輕攪拌均勻，以避免發生油水分離。

7

將過篩的低筋麵粉加入，使用攪拌刮刀切拌成小碎塊狀。

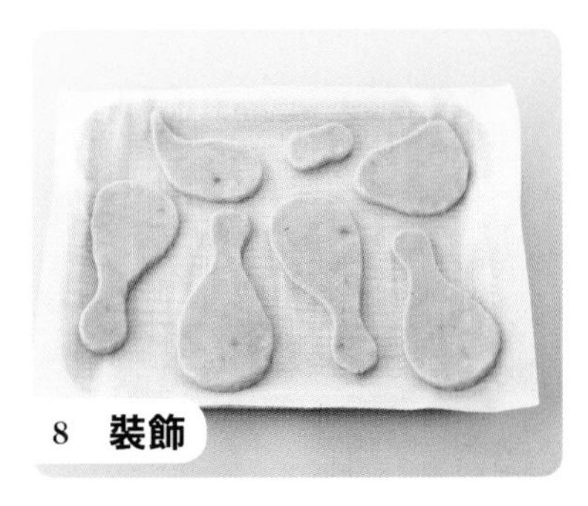

8 **裝飾**

小心使用水果刀將冷藏好的麵團切成炸雞形狀。

9

在餅乾麵團上先塗抹蛋白液，再撒上奶酥仔細黏合後，放入預熱至175°C的烤箱中烘烤12～14分鐘就完成了！可以依照個人喜好塗上草莓果醬也很好吃唷！

漂亮到讓人捨不得吃~

韓式豆沙裱花餅乾

份量：15朵
烤箱：烤溫150℃
烘烤15分鐘

韓式豆沙裱花餅乾很適合用和果子包裝盒一個個精美包裝後，做為年節禮物送人。只要熟練擠花的過程，就能輕鬆做出漂亮的豆沙裱花餅乾，大家一起來挑戰看看吧！

材料

・杯子蛋糕
白豆沙 500克
蛋黃 1顆
牛奶 2大匙
杏仁粉 50克

・天然調色糊
火龍果粉 適量
綠茶／艾草粉 適量
南瓜粉 適量
牛奶或水 適量

事前準備

- 白豆沙置於室溫軟化備用。
- 天然粉末加入同等分量的牛奶或水，調和成糊狀備用。
- 104號和352號花嘴放入擠花袋中備用。

溫馨小提醒

- 使用104號花嘴時，較窄那方朝上使用才能擠出又薄又美的花瓣；反之則擠出來的花瓣會變得太厚而不漂亮。
- 有些花嘴的尾端會過於鋒利，導致裱花時作品容易破裂，這時候使用鉗子稍微將花嘴的尾端拉開使用即可。

How to make

1

將白豆沙、蛋黃、牛奶放入玻璃碗中輕輕攪拌均勻。置於室溫軟化的白豆沙會因為愈攪拌而變得愈軟。

2

將過篩的杏仁粉加入，攪拌均勻至沒有塊狀。

3

將豆沙依照1：1：0.5（黃色：粉紅色：綠色）的比例分別裝入小碗，並加入色粉調色。

4 **裝飾**

在鋪上烘焙紙的花釘上擠出圓錐形底座，要做成花瓣的豆沙填入裝有104號花嘴的擠花袋中。

5

底座完成後，將104號花嘴倒向「11點鐘方向」，將花釘順著逆時鐘方向旋轉，擠一圈豆沙。

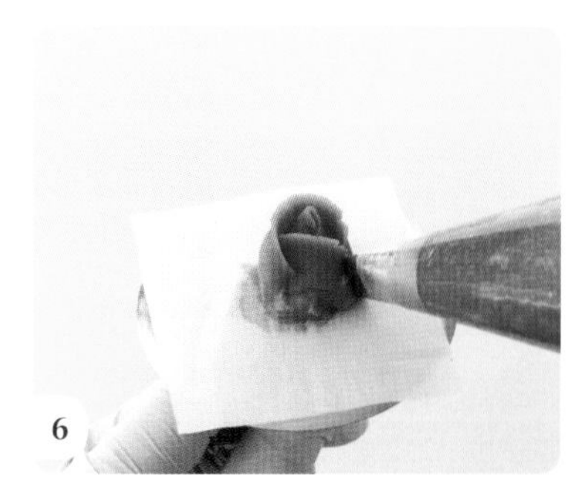

6

104號花嘴豎直，由下往上像在畫彩虹般畫出三片相疊半圓形花瓣。擠花瓣時邊擠邊將花釘以逆時鐘方向旋轉（左撇子則是以順時鐘方向旋轉）。

7

花嘴轉向「1點鐘方向」，以步驟6的方式擠出5片花瓣。再將花嘴轉向「2點鐘方向」，以步驟6方式擠出7片花瓣，花朵部分就完成。

8

將綠色豆沙填入裝有352號花嘴的擠花袋中，在花的周圍擠上綠葉。

9

小心地將烘焙紙移到烤盤上後，放入預熱至150°C的烤箱中烘烤15分鐘就完成了！

芬芳香甜的草莓就在吐司裡！

草莓吐司

做法在下一頁

份量：28cm圓形波紋吐司模 1個

烤箱：烤溫180℃ 烘烤35分鐘

草莓吐司

鬆軟的吐司包裹上香甜的草莓醬，可說是天生絕配！每切下一片吐司，不僅可以聞到香甜草莓香氣，還能看到可愛的草莓圖案，真是太可愛了。用奶油將吐司煎至金黃焦香，再放上水果裝飾，就是一道美味可口的早午餐了！

材料

・基礎麵團

高筋麵粉 350克
砂糖 30克
鹽 5克
速發乾酵母 6克
牛奶 240克
奶油 35克

・草莓吐司

草莓粉 5克
水 5克
食用色素（紅色、綠色）適量

・裝飾用

免調溫巧克力或巧克力筆

事前準備

- 牛奶加熱至35～40℃備用。
- 奶油置於室溫軟化備用。
- 草莓吐司材料中的草莓粉加水調和成糊狀備用。

溫馨小提醒

只要參考草莓吐司的食譜，就可以做成其他不同造型和風味的吐司。可以試試看做成檸檬、奇異果、葡萄等可愛又好吃的水果喔！雖然難度會稍微提高一點，但也可以試著挑戰做成動物或其他人物造型。

How to make

1 **基礎麵團**

將高筋麵粉放入碗內，挖出三個洞。在各個洞裡分別放入速發乾酵母、砂糖、鹽後仔細和勻。將溫熱的牛奶倒入玻璃碗內，揉壓成團。

2

等到麵團揉壓至不再黏手和玻璃碗的「三光」狀態時，加入軟化的奶油後再次揉壓至麵團可拉出薄膜即可。

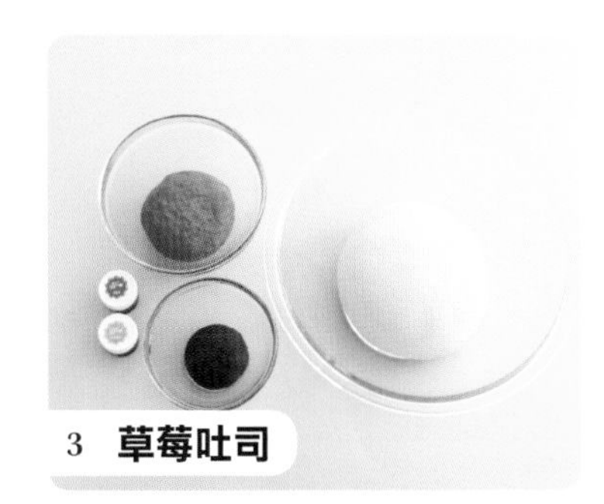

3 **草莓吐司**

從基本麵團中取出130克，加入調和好的草莓粉糊和紅色食用色素揉勻。再從基本麵團中取出50克麵團，加入綠色食用色素揉勻。

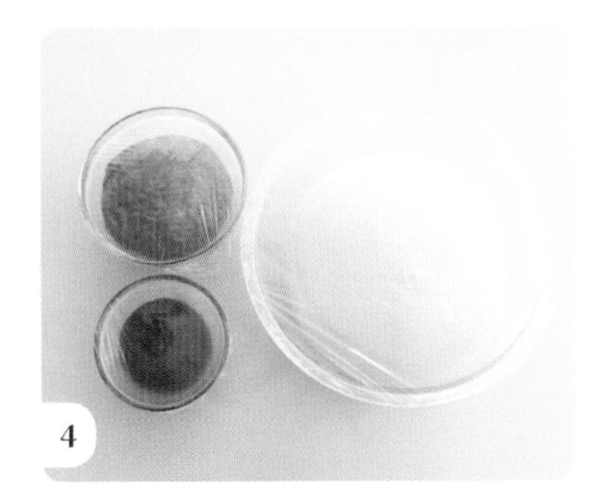

4

將麵團分別用保鮮膜包覆後，置於溫暖處進行第一次發酵（約40～50分鐘），直到麵團膨脹至兩倍大。

5 **裝飾**

第一次發酵完成後，用手擠壓使麵團裡面的氣體排出。將紅色麵團整成三角柱狀，綠色麵團分成三等分搓成長條狀。

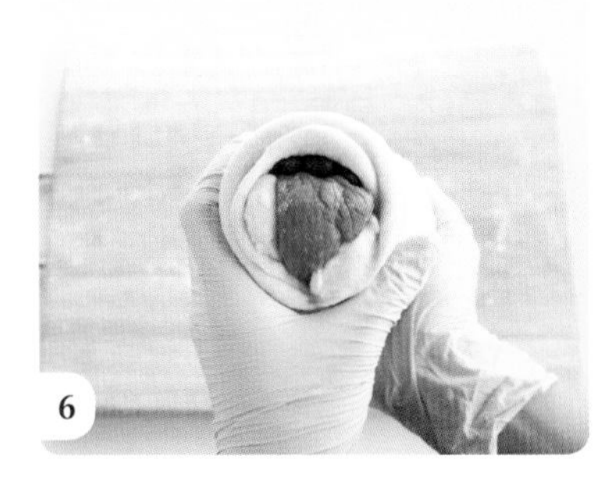

6

將三條綠色麵團排列於紅色麵團其中一面後，再用白色基礎麵團包起來，捲成圓柱狀。

7

將麵團放入圓形波紋吐司模，蓋上蓋子，置於溫暖處進行二次發酵（約30～40分鐘）。發酵時請用夾子固定吐司模，避免被麵團撐開。

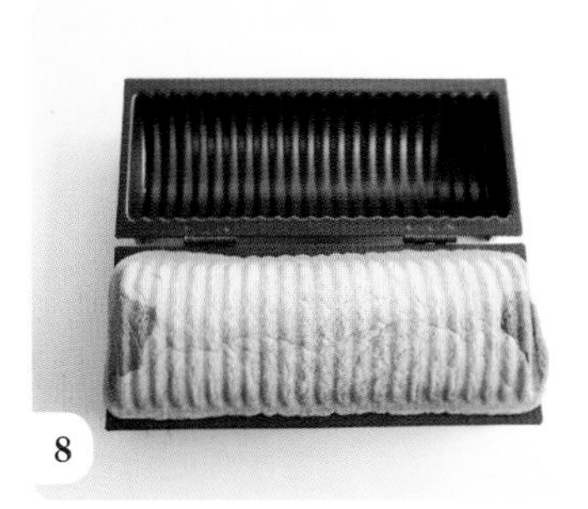

8

二次發酵完成後，將吐司模帶夾一起放入預熱至180℃的烤箱中烘烤35分鐘後放涼。

9

將完全放涼的吐司切片，再使用免調溫巧克力或巧克力筆畫上草莓籽就完成了！

份量：26cm磅蛋糕模1個

烤箱：烤溫175℃ 烘烤40～50分鐘

蘊藏著滿滿愛意的甜點

愛心磅蛋糕

每切下一塊蛋糕都能看到滿滿的愛心！外表看起來不過只是一條普通巧克力磅蛋糕，裡面卻藏了滿滿的心意。帶著「出爐的成品會漂亮嗎？」的心情，小心翼翼地切下每一塊蛋糕，就如同戀愛般的情緒，讓人既期待又怕受傷害。直到切下的每一塊蛋糕都能看到滿滿的愛心！哇！真是太棒了！

材料

・愛心麵糊

奶油 210 克
砂糖 135 克
雞蛋 3 顆
香草精 2 克
低筋麵粉 150 克
杏仁粉 60 克
泡打粉 2 克
食用色素（粉紅色）適量

・巧克力麵糊

奶油 210 克
砂糖 135 克
雞蛋 3 顆
香草精 2 克
低筋麵粉 190 克
可可粉 30 克
泡打粉 2 克

事前準備

- 奶油置於室溫軟化備用。
- 磅蛋糕模內鋪上烘焙紙備用。

溫馨小提醒

- 烘烤磅蛋糕時間到，建議以牙籤測試熟度。將牙籤插入磅蛋糕抽出後，發現牙籤上有沾黏現象，就必須再多烤10～15分鐘左右。若牙籤上沒有沾上麵糊，就代表完全烤熟了。
- 如果還有其他形狀的餅乾模型，也能做出各種不同造型的磅蛋糕，可以多嘗試看看。
- 完成的磅蛋糕成品密封保存至隔天再吃會更加美味。

How to make

1 **愛心麵糊**

置於室溫軟化的奶油放入玻璃碗中輕輕攪散，再加入砂糖攪拌均勻。

2

分次加入打散雞蛋，攪拌時請注意不要造成油水分離。待雞蛋完全與麵糊融合時，再加入香草精。

3

將過篩的低筋麵粉、杏仁粉和泡打粉加入，再使用攪拌刮刀攪拌至看不見粉末為止。

4

麵糊混合均勻後，加入粉紅色食用色素拌勻。

5

將麵糊倒入磅蛋糕模內，使用攪拌刮刀將麵糊表面整成U字形。

6

放入預熱至175℃的烤箱中烘烤40～50分鐘後，將磅蛋糕取出放涼，並將蛋糕切成1.5cm的厚度，以餅乾模壓出心形。

7 **巧克力麵糊**

參照愛心麵糊的步驟1、2，將奶油、砂糖、雞蛋和香草精拌勻。

8

將過篩的低筋麵粉、可可粉和泡打粉加入，再使用攪拌刮刀攪拌至看不見粉末為止。

9 **裝飾**

先用擠花袋在磅蛋糕模的底部擠滿一排巧克力麵糊，將壓成心形的磅蛋糕在上面排成一排。

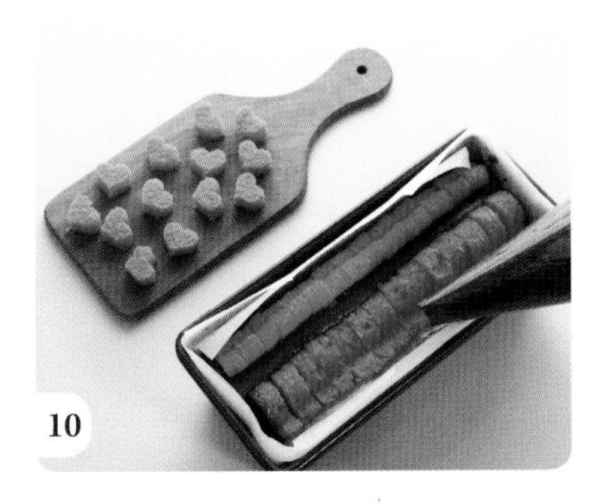

10

在心形蛋糕之間仔細填入巧克力麵糊。反覆進行這樣的程序至心形蛋糕用完。

11

在最上面填入巧克力麵糊後，用攪拌刮刀將麵糊表面整成U字形。放入預熱至175℃的烤箱中烘烤40～50分鐘。

12

將磅蛋糕取出完全放涼後，再切成適當的大小就完成了。

我的烘焙筆記！

MILK

一口咬下蔚藍的青天吧！

藍天瑞士捲

份量：33×25cm
烤盤 1盤

烤箱：烤溫170℃
烘烤14～16分鐘

不分男女老幼都喜歡的瑞士捲，最適合拿來送禮了。柔軟、濕潤、香甜的瑞士捲，每切下一小塊送入口中，就彷彿品嘗雲朵一般。特別是這款以藍天為畫布的瑞士捲，送給親朋好友，一定會是一份令人難忘的禮物！

材料

・雲

雞蛋 85克
砂糖 28克
低筋麵粉 23克
植物油 5克
食用色素（藍色）適量

・天空背景

雞蛋 4顆
砂糖A 40克
砂糖B 45克
低筋麵粉 50克
牛奶 8克
融化的奶油 26克

・糖漿

砂糖 15克
水 30克

・奶油餡

鮮奶油 300克
砂糖 25克

事前準備

- 牛奶加熱備用。
- 0.5cm圓形花嘴放入擠花袋中備用。
- 用於天空背景的雞蛋分成蛋黃和蛋白備用。
- 烘焙紙平鋪於烤盤上備用。

溫馨小提醒

雖然動物性鮮奶油的風味較佳，但較難打發，也容易出現油水分離的現象，增加新手打發鮮奶油的失敗率。建議以1：1的比例混合動物性鮮奶油和植物性鮮奶油使用，將動物性鮮奶油的風味和植物性鮮奶油的易操作性結合，就能同時解決風味和操作難度的問題。

How to make

把雞蛋和砂糖放入玻璃碗內打至起泡。建議將玻璃碗以隔水加熱的方式攪打，能更容易且更快地打出細密的泡沫。

待蛋液開始轉白，可以留下清楚的攪打痕跡時，將過篩的低筋麵粉加入，輕輕使用刮刀拌勻以避免消泡。

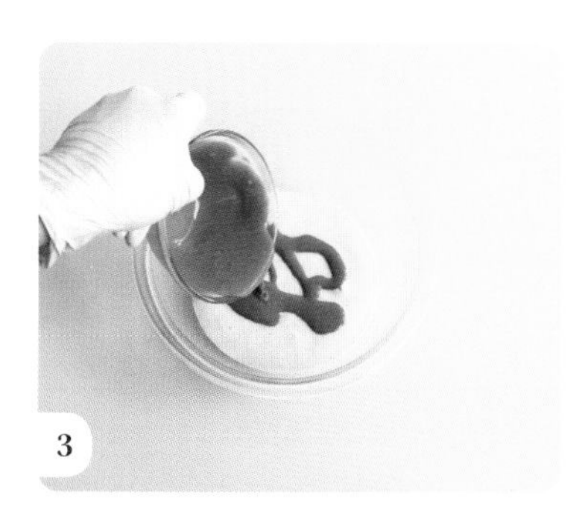

取一點麵糊到另一個小碗，先將麵糊與植物油、藍色食用色素混合均勻後，再倒回原本的麵糊，迅速攪拌均勻。

將麵糊填入裝有0.5cm圓形花嘴的擠花袋中，在烤盤上擠出雲朵的形狀，放入冰箱冷凍2小時。

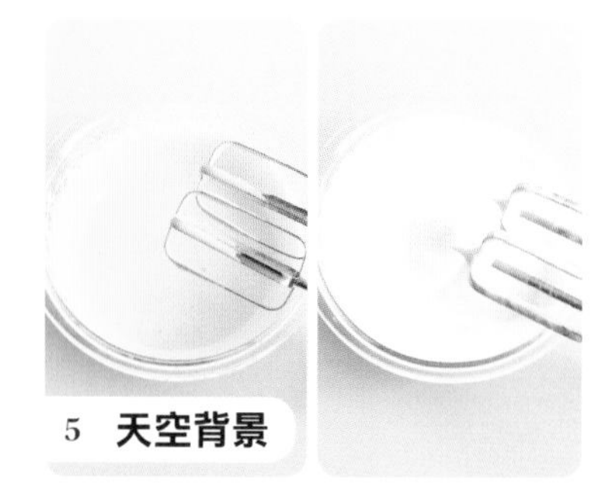

先將雞蛋分好。砂糖A加入蛋黃中打至發泡，將砂糖B分成3次加入蛋白，打成硬性發泡的蛋白霜。

將蛋白霜分成2次加入蛋黃麵糊中，並輕輕攪拌以避免消泡。

待蛋白霜和蛋黃混合均勻後，將過篩的低筋麵粉加入，攪拌均勻至沒有塊狀物。

取一點麵糊到另一個小碗，將麵糊與熱牛奶、融化的奶油混合均勻後，再倒回原本的麵糊，迅速攪拌均勻。

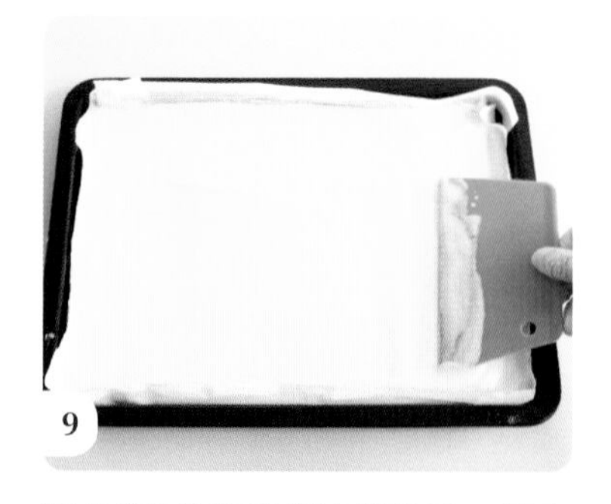

將步驟4的烤盤從冰箱取出，倒入天空背景的麵糊，並用刮板將表面抹平。放入預熱至170°C的烤箱中烘烤14～16分鐘後放涼。

10 裝飾

等待蛋糕冷卻的同時，先將砂糖和水煮滾，製成糖漿後放涼，並將鮮奶油和砂糖打發。

11

去除蛋糕上原有的烘焙紙，將蛋糕放到另一張新的烘焙紙上。先在蛋糕塗上一層糖漿讓滋潤蛋糕，再於蛋糕的2/3處放上滿滿的鮮奶油。

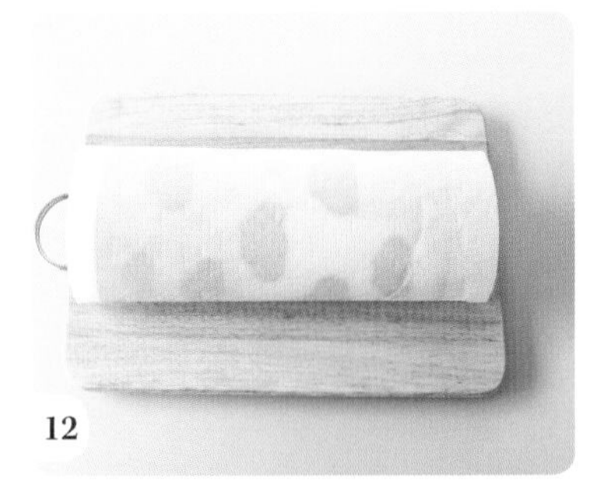
12

小心地將蛋糕捲起，放入冰箱冷凍30分鐘，讓蛋糕變硬後就完成了！

我的烘焙筆記！

份量：17cm塔模1個
烤箱：烤溫170℃烘烤20分鐘

反轉魅力滿分

西瓜塔

靠著鮮紅的果肉和黑籽來吸引目光的西瓜塔，精緻可愛的外型，搭上人人都愛的酸甜好滋味，這是一道受到眾人喜愛的甜點。雖然做法看似困難，但只要按照說明一步一步執行就沒問題囉！

材料

・塔皮

低筋麵粉 80 克
杏仁粉 13 克
糖粉 20 克
奶油 40 克
雞蛋 20 克
食用色素（綠色）適量

・覆盆莓起司慕斯

冷凍覆盆莓 100 克
砂糖 A 20 克
奶油起司 175 克
砂糖 B 50 克
鮮奶油 80 克
吉利丁片 1 片
食用色素（紅色）適量

・裝飾用

免調溫巧克力 20 克

事前準備

- 製作塔皮的奶油切成丁狀，放入冰箱保冷備用。
- 奶油起司置於室溫軟化備用。
- 吉利丁片先泡水10分鐘後，隔水加熱融化備用。

溫馨小提醒

一般烤塔皮麵團時，因麵團內部的空氣會膨脹導致麵團突起，所以塔皮必須重壓以避免這種情況發生，因此會在塔皮上壓重石一起烤。若手邊沒有重石，也可以使用米、黃豆、紅豆等物代替。雖然使用叉子在塔皮的底部戳洞也是為了防止麵團膨脹，但光靠這個方法還是不夠，所以請務必在塔皮上放置重石或穀物一起烤喔！

How to make

1 **塔皮**

低筋麵粉、杏仁粉和糖粉過篩後，加入切好的奶油丁，使用刮板以切壓的方式將奶油和其他材料混合。

2

將奶油切成小顆粒狀並與其他材料混合均勻後，再加入雞蛋，整成塔皮麵團。

3

將綠色食用色素加入麵團裡，用手掌用力按壓麵團的方式將顏色混合均勻。

4

將綠色麵團用保鮮膜包起，放入冰箱冷藏1小時。

5

將冷藏好的麵團上下各墊一層鋁箔紙或保鮮膜，使用擀麵棍將麵團擀至可以放入塔模的大小。

6

將麵團放入塔模後，把麵團壓合於塔模，並將麵團厚度調整均勻。把沿邊多餘的麵團使用刮板或擀麵棍刮除。

7

在麵團上放上烘焙紙和重石，放入預熱至170°C的烤箱中烘烤20分鐘後放涼。

8

將冷凍的覆盆莓和砂糖A放入鍋中，以小火煮到出汁變稠後放涼，完成覆盆莓果泥。

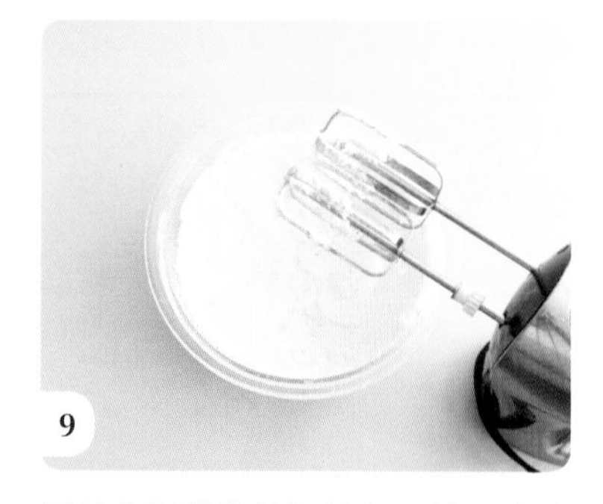

9

置於室溫軟化的奶油起司放入玻璃碗中輕輕攪散，再加入砂糖B攪打均勻。

將鮮奶油倒入另一個玻璃碗中，使用手持電動攪拌器打發至出現短短的奶油峰。

將奶油起司糊分成2～3次加入鮮奶油中，並使用攪拌刮刀拌勻。

待鮮奶油完全拌勻後，加入事先隔水加熱融化的吉利丁片，攪拌均勻。

從起司慕斯中取出60克，放入另一個碗中備用，將覆盆莓果泥和紅色食用色素加入剩餘的麵糊中，調製成西瓜果肉顏色。

將完成的覆盆莓起司慕斯倒入涼透的塔皮中，並用刮刀將表面抹平。

將預留的白色起司慕斯放入擠花袋中，沿著塔皮周圍擠上一圈。

將免調溫巧克力隔水加熱融化，做成西瓜籽的模樣，等凝固之後，再放到西瓜塔上裝飾就完成了！

PART 3

造型高階版超吸睛！

甜點，讓特別的日子更加特別！
打造一場令人難忘的慶祝會吧！
絕對吸引目光的完美甜點！

讓人亮眼的美味甜點

鳳梨蛋糕

份量：6吋圓形蛋糕模 1個

烤箱：烤溫180℃ 烘烤20～25分鐘

香甜的蛋糕內，藏著一層層鳳梨，每咬下一口，清爽的滋味就在口中爆發。加上鳳梨造型的設計，更是讓人眼睛為之一亮！

QR Code

材料

・海綿蛋糕

（註：此為單份海綿蛋糕材料，本食譜須做 2 份）

雞蛋 3 顆
砂糖 90 克
香草精 2 克
低筋麵粉 80 克
杏仁粉 10 克
泡打粉 1 克
奶油 20 克
牛奶 10 克

・糖漿

罐頭鳳梨湯汁 30 克
水 40 克
砂糖 5 克

・裝飾用鮮奶油

鮮奶油 200 克
砂糖 20 克
食用色素（橘色）適量

・夾層鮮奶油

鮮奶油 150 克
砂糖 15 克

・甘納許

鮮奶油 50 克
調溫黑巧克力 50 克

・裝飾用

罐頭鳳梨 150 克
新鮮鳳梨果肉 150 克
鳳梨葉 1 個

事前準備

- 6吋圓形蛋糕模內鋪上烘焙紙備用。
- 放入蛋糕內的罐頭鳳梨和新鮮鳳梨切成小塊備用。
- 小號圓形花嘴放入擠花袋中備用。

溫馨小提醒

使用其他水果代替鳳梨，做成另一種造型水果蛋糕應該也很有趣吧？別擔心無法將外層鮮奶油塗抹平整，因爲最後還會使用甘納許在奶油的表面上畫線裝飾，即使塗鮮奶油的技巧不好，還是能輕鬆做出漂亮的蛋糕。

How to make

1 **海綿蛋糕**

雞蛋和砂糖放入碗內，隔水加熱，使用手持電動攪拌器攪打至出現白色泡沫，蛋糊上畫8字可停留3秒以上，再加入香草精，並以低速攪打1分鐘，將氣孔打散。

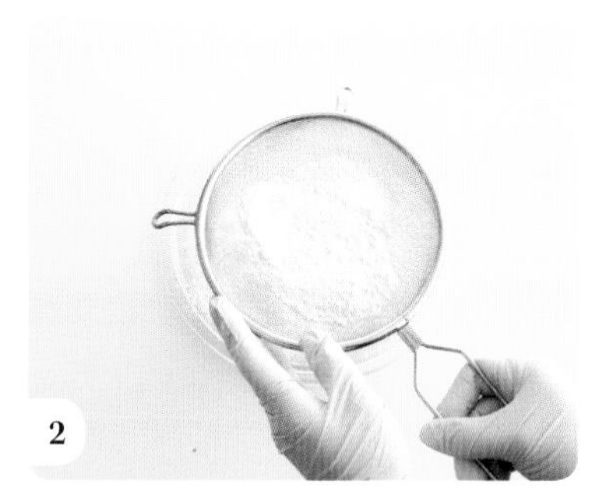

2

將過篩的低筋麵粉、杏仁粉和泡打粉加入，並使用攪拌刮刀小心拌勻，避免麵糊消泡。

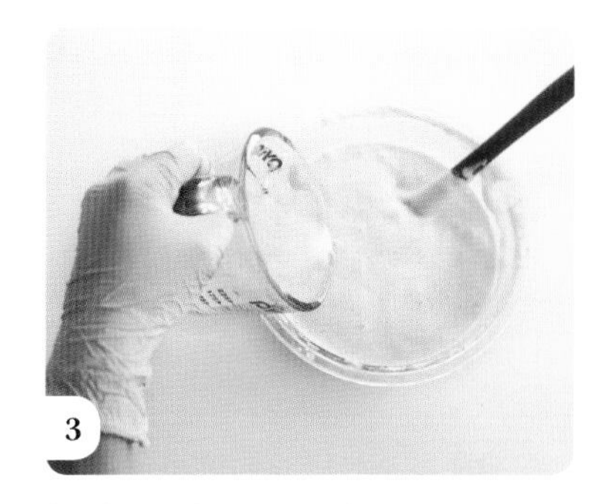

3

奶油和牛奶放在小碗中，隔水加熱至融化後，取一些麵糊到小碗中拌勻，再倒回原本的麵糊中攪拌均勻。

4

將麵糊倒入6吋圓形蛋糕模中，放入預熱至180℃的烤箱中烘烤20～25分鐘。使用相同方法再烤一個海綿蛋糕。

5

將烤好的兩個海綿蛋糕完全放涼後，各橫切成3等分。

6 **糖漿**

將製作糖漿的材料全部放入鍋中，煮至沸騰後離火放涼。

7 **夾層鮮奶油**

將鮮奶油和砂糖放入玻璃碗中打發。

8 **裝飾**

用一片海綿蛋糕做底，塗上糖漿、夾層鮮奶油，鳳梨果肉，再塗上一層鮮奶油。反覆依此順序至所有海綿蛋糕片用盡。

9

將裝飾用鮮奶油和砂糖放入玻璃碗中攪打至稍微凝固後，加入橘色食用色素調色及打發成橘色鮮奶油。

10

將橘色鮮奶油塗滿整個蛋糕表面，塗不平整也沒關係。

11

將甘納許材料中的鮮奶油倒入鍋中加熱，再混入調溫黑巧克力製成黑巧克力甘納許。

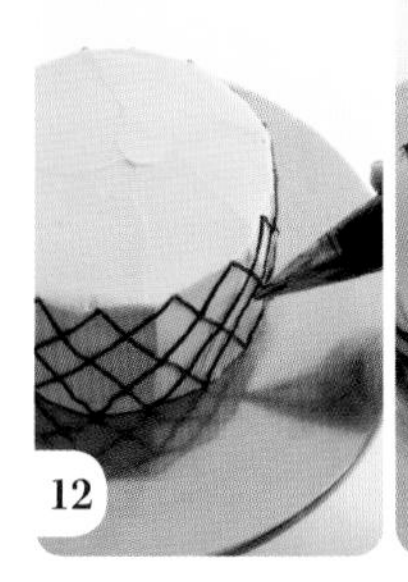

12

將黑巧克力甘納許填入裝有小號圓形花嘴的擠花袋中，在蛋糕側邊畫上鳳梨斜紋。之後在頂端放上清洗乾淨的鳳梨葉裝飾就完成了！

帶有黑芝麻香氣的小可愛貓咪～

黑芝麻貓咪蛋糕

份量：7吋戚風蛋糕模

烤箱：烤溫170℃烘烤30分鐘

這個蛋糕的基底使用了戚風蛋糕，運用香氣濃郁的黑芝麻做出魅力四射的黑色斑點貓蛋糕，最適合喜歡鬆軟口感的人享用。味道濃郁香甜，再搭上鬆鬆軟軟的口感，這真是最美味的蛋糕了！

QR Code

材料

・黑芝麻戚風蛋糕

雞蛋 4顆
砂糖 A 33克
低筋麵粉 80克
黑芝麻粉 10克
植物油 30克
砂糖 B 40克

・黑芝麻鮮奶油

鮮奶油 250克
砂糖 25克
黑芝麻粉 10克

・裝飾用黑芝麻鮮奶油

鮮奶油 50克
砂糖 5克
黑芝麻粉 2克
食用色素（黑色）適量

事前準備

- 雞蛋分成蛋黃和蛋白備用。
- 圓形花嘴放入擠花袋中備用。

溫馨小提醒

戚風蛋糕麵糊倒入烤模前，可以在戚風模內部均匀噴水，讓戚風蛋糕的麵糊更容易附著，但也要注意不要讓水結成太大滴的水滴，同時也勿預先噴好，最好是在倒入麵糊之前才使用噴霧器噴水！

How to make

1 **黑芝麻戚風蛋糕**

將分好的蛋黃和砂糖A放入玻璃碗中，使用手持電動攪拌器攪打至蛋液變成米色。

2

低筋麵粉和1/2的黑芝麻粉過篩後加入蛋液中，改以打蛋器攪拌均勻。

3

待乾料完全拌勻後，續加入植物油拌勻。

4

取另一個玻璃碗加入蛋白，分次加入砂糖B，以手持電動攪拌器攪打至硬性發泡。

5

先取1/2的蛋白霜放入蛋黃麵糊中攪拌均勻，再將剩下的乾料全部過篩後加入拌勻。

6

將剩餘的蛋白霜全部放入，使用攪拌刮刀輕輕攪拌，避免消泡。

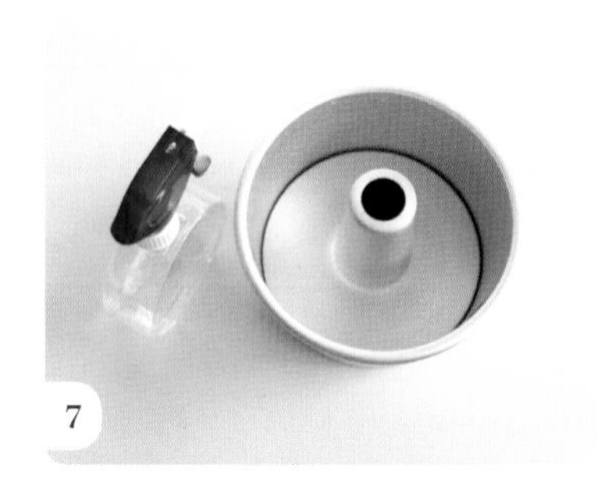

7

使用噴霧器在戚風蛋糕模上均勻噴水。

8

將麵糊倒入，並用筷子攪拌去除麵糊裡的大氣泡，提起蛋糕模，在桌上用力震3下，再放入預熱至170℃的烤箱中烘烤30分鐘後放涼。

9 **黑芝麻鮮奶油**

鮮奶油和砂糖放入玻璃碗中攪打至8分發，再加入黑芝麻粉繼續攪打至出現尖勾狀。

在完全冷卻的戚風蛋糕表面塗上黑芝麻鮮奶油。請將戚風蛋糕中空模間的空洞用鮮奶油填滿。

將裝飾用黑芝麻鮮奶油以步驟9的方法打發後，加入黑色食用色素，將鮮奶油調成深灰色。

將裝飾用黑芝麻鮮奶油填入擠花袋中，在蛋糕上畫出貓咪的耳朵、尾巴、斑紋後就完成了！

我的烘焙筆記！

哇！紅橙黃綠藍靛紫，美極了！

彩虹蛋糕

份量：6吋圓形蛋糕模

烤箱：烤溫160℃烘烤50分鐘

這是一款好看又好吃的甜點，彩虹上滿滿都是用棉花糖做成的雲朵，既美又夢幻，在外表五彩繽紛的蛋糕裡，還藏有著巧克力蛋糕。讓我們大口咬下內外香甜的彩虹蛋糕，一起沉浸在美麗世界吧！

QR Code

材料

・巧克力蛋糕

低筋麵粉 220 克
奶油 120 克
砂糖 180 克
鹽 3 克
可可粉 40 克
泡打粉 6 克
雞蛋 120 克
溫水 210 克

・義式奶油霜

水 50 克
砂糖 A 175 克
蛋白 140 克
砂糖 B 10 克
奶油 450 克
香草精 少許
食用色素（紅、黃、綠、藍、紫）適量

・裝飾用

棉花糖

事前準備

- 奶油置於室溫軟化切丁備用。
- 準備製作巧克力蛋糕時要用的溫水（30～35℃）。
- 6吋圓形蛋糕模內鋪上烘焙紙備用。

溫馨小提醒

食譜中雖然以棉花糖來做裝飾，但讀者也可自行製作雲朵造型的馬林糖（p.55）或糖霜餅乾插在蛋糕上裝飾，或在蛋糕上擺上各式各樣造型的小飾品（topper）也很漂亮。

How to make

1 **巧克力蛋糕**

將軟化切丁的奶油塊放入玻璃碗內，加入過篩的低筋麵粉，一起使用手持電動攪拌器攪打。

2

將砂糖、鹽、過篩的可可粉和泡打粉加入後，繼續攪打。

3

將打散的雞蛋分次加入玻璃碗內，攪打至材料成塊。

4

當雞蛋完全攪拌均勻後，加入溫水攪打至看不見粉末為止。

5

將麵糊倒入6吋圓形蛋糕模，放入預熱至160℃的烤箱中烘烤50分鐘後放涼。

6 **義式奶油霜**

砂糖A和水放入鍋中，以中小火煮到118～121℃成糖漿備用。熬煮糖漿時將蛋白和砂糖B放入另個碗中，以手持電動攪拌器打至濕性發泡，倒入糖漿，再打至硬性發泡。

7

分次加入置於室溫軟化的奶油攪拌。

8

當奶油完全攪拌均勻後，續加入香草精拌勻。

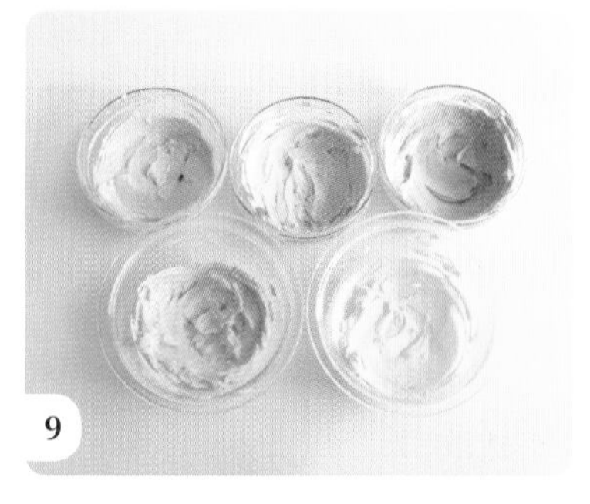

9

從完成的義式奶油霜中取出5份各60克的奶油霜裝入小碗，並加入彩虹五色食用色素調成彩虹奶油霜。

10 **裝飾**

將涼透的巧克力蛋糕橫切成3等分。

11

依照巧克力蛋糕－白色義式奶油霜的順序層層疊起後，在外表塗上一層義式奶油霜，並用刮板將側面抹平。

12

分別將五色的彩虹奶油霜填入擠花袋中，在蛋糕側邊各擠上一圈後，使用刮板抹平，最後再將棉花糖放到蛋糕上就完成了！

我的烘焙筆記！

撲鼻香氣讓人完全無法抗拒

紅蘿蔔蛋糕

份量：7吋圓形蛋糕模

烤箱：烤溫170℃
烘烤40～50分鐘

帶有淡淡肉桂香氣與香濃核桃酥脆口感的紅蘿蔔蛋糕，可說是魅力十足，讓人完全無法抗拒它的誘惑。做成蛋糕後，紅蘿蔔的氣味吃起來並不強烈，就連小孩子也很喜愛！有些人對肉桂粉會產生過敏反應，製作時請多加注意。

QR Code

材料

・紅蘿蔔蛋糕

雞蛋 194 克
黃砂糖 155 克
鹽 2 克
葡萄籽油 165 克
低筋麵粉 174 克
杏仁粉 58 克
泡打粉 3 克
肉桂粉 3 克
紅蘿蔔 194 克
核桃 48 克

・奶油起司霜

奶油起司 300 克
無鹽奶油 180 克
糖粉 100 克
食用色素（褐色、橘色、綠色）適量

事前準備

- 7吋圓形蛋糕模內鋪上烘焙紙備用。
- 奶油起司和無鹽奶油置於室溫軟化備用。
- 扁鋸齒花嘴和小號圓形花嘴放入擠花袋中備用。

溫馨小提醒

紅蘿蔔蛋糕的麵糊較重，蛋糕內部可能較不易烤熟，加上烘烤的時間會隨著烤箱功率不同而有所變動，因此務必使用竹籤測試麵糊是否熟透。若擔心麵團尚未熟透，繼續烤下去表面又會被烤焦時，只要在蛋糕上覆蓋鋁箔紙即可。

How to make

1 紅蘿蔔蛋糕

雞蛋、黃砂糖、鹽放入玻璃碗內，使用手持電動攪拌器攪打至出現大泡。

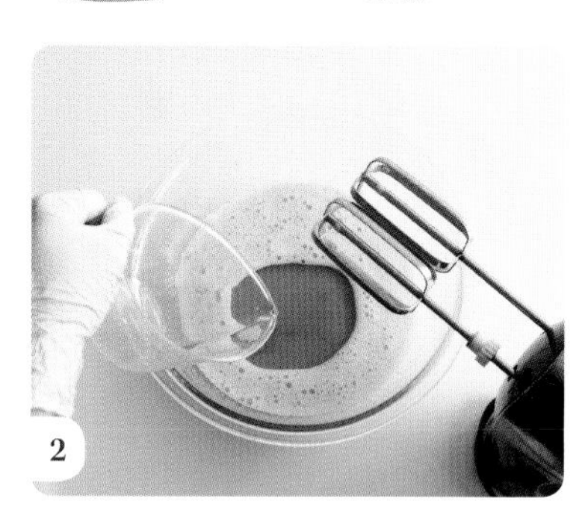

2

將葡萄籽油加入攪拌均勻。若家中沒有葡萄籽油，可以加入橄欖油以外的其他植物油替代（橄欖油氣味較重，所以不適合）。

3

將過篩的低筋麵粉、杏仁粉、泡打粉和肉桂粉加入，並使用攪拌刮刀拌勻。

4

將紅蘿蔔和核桃切碎，或使用食物調理機打碎備用。

5

將紅蘿蔔和核桃加入麵糊，並將所有材料攪拌均勻。

6

將麵糊倒入7吋圓形蛋糕模內，放入預熱至170℃的烤箱中烘烤40～50分鐘後放涼。

7 奶油起司霜

將置於室溫軟化的奶油起司和無鹽奶油放入玻璃碗內，使用手持電動攪拌器輕輕攪散，再加入糖粉攪打至沒有塊狀物，完成奶油起司霜。

8

從完成的奶油起司霜中取出150克、30克、15克分別放入碗中，並各自加入褐色、橘色、綠色的食用色素調色。

9 裝飾

將完全放涼的紅蘿蔔蛋糕橫切成3等分。

將紅蘿蔔蛋糕和奶油起司霜層層疊起，再用奶油起司霜塗滿表面後抹平。

將褐色的奶油起司霜填入裝有扁鋸齒花嘴的擠花袋中，在蛋糕側面擠出籬笆的造型。

將橘色和綠色奶油起司霜分別填入裝有小號圓形花嘴的擠花袋中，在蛋糕上擠上紅蘿蔔造型就完成了！

我的烘焙筆記！

健康美味又繽紛

花籃蛋糕

份量：6吋圓形慕斯圈 1個

烤箱：滾水蒸煮25分鐘，燜5分鐘

用入口即化的豆沙裱花和鬆軟的白米蒸糕做成的花籃蛋糕，加上朵朵動人的裱花，就是一個吸睛的甜點。雖然大多數的人都認為裱花很難，但只要使用俄羅斯裱花嘴的輔助，不管是誰都能輕鬆地擠出美麗的裱花。

不添加任何色素，只使用天然粉末調色，健康美味的繽紛花籃蛋糕，現在就動手做做看吧！

QR Code

材料

・白米蒸糕

濕式粳米粉（濕式蓬萊米粉）5 杯（以 200ml 量杯為基準）

鹽 1/2 小匙

水 5 ～ 7 大匙

砂糖 5 大匙

・豆沙霜籃子

白豆沙 200 克

牛奶 2 大匙

可可粉 1 小匙

・豆沙裱花

白豆沙 400 克

牛奶 4 小匙

火龍果粉 適量

南瓜粉 適量

梔子粉 適量

綠茶粉 適量

事前準備

- 白豆沙置於室溫軟化備用。
- 將0.7cm圓形花嘴和立體裱花嘴放入擠花袋中。

溫馨小提醒

- 若使用乾式粳米粉做出來的蒸糕較不濕潤，也很容易就乾掉。最好使用碾米行現磨的濕式粳米粉。
  （編按：台灣因爲沒有碾米行現磨濕式粳米粉，可以使用蓬萊米粉製作。將蓬萊米粉450克加入225克的水混合均勻，這樣的比例最接近材料中的「濕式粳米粉」。）
- 豆沙的質地會隨著品牌不同而有些許差異。食譜中使用的豆沙是「首爾豆沙」，質地比其他牌豆沙來得稍硬一些，所以食譜中才會需要以牛奶來調整豆沙的濃度。若平時握力較小的人，可以將豆沙調得比食譜更軟一些再使用。
  （編按：台灣可以在烘焙材料行購買到白豆沙。）
- 雖然使用立體裱花嘴來製作裱花是最簡單的方法，但各位也可以應用在「韓式豆沙裱花餅乾（p.77）」中學到的方法來製作裱花。

How to make

1 **米糕**

將鹽和水加入濕式梗米粉中，用雙手搓揉米粉以吸收水分。這時可開始煮等等蒸煮時要用的水。

2

試著用手將米粉握起，若還無法握成一團，就再加入1小匙水攪拌，一直到可以輕鬆將米粉握成一團，也能順利散開時，水分就足夠了。

3

將米粉放在中間粗細的篩網上用手搓揉過篩。再使用相同的方法過篩第二次。

4

將砂糖加入篩過的梗米粉中輕輕攪拌。

5

在熱好的蒸鍋裡鋪上蒸鍋墊。在慕斯圈內側塗上一層薄薄的食用油後放入蒸鍋，再填入梗米粉。先用滾水蒸25分鐘，熄火後再燜5分鐘後取出放涼。

6 **豆沙霜籃子**

將置於室溫軟化的白豆沙和牛奶放入調理盆中輕輕攪散。

7

將可可粉加一點水或牛奶混合，攪拌至沒有塊狀物後，加入白豆沙內拌勻。

8 **裝飾**

確定米糕已完全涼透，將籃體豆沙填入裝有0.7cm圓形花嘴的擠花袋中，在米糕側面擠出花籃的形狀。

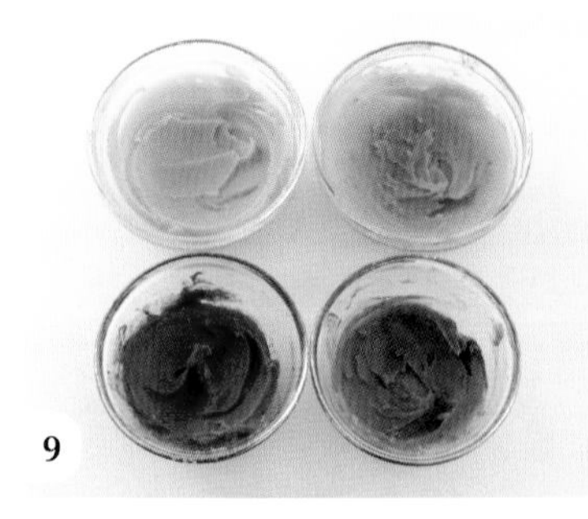

9

使用與豆沙霜籃子相同的方法調出各色豆沙霜。因為天然粉末含有水分，很容易結塊，務必以少量的水或牛奶調開再加入豆沙拌勻。

將各色豆沙霜分別填入裝有立體裱花嘴的擠花袋中，擠出一朵朵色彩繽紛的豆沙裱花。若豆沙難以附著於蒸糕上，請先用少許的豆沙塗在蒸糕表面，就可以順利附著了。

再以綠茶粉調出的綠色豆沙霜在空位處擠上花苞和葉子就完成了！

我的烘焙筆記！

茂盛鬃毛 魅力無窮

鬃毛獅蛋糕

份量：6吋圓形蛋糕模

烤箱：烤溫180℃烘烤20分鐘

隱藏在獅子可愛外型底下的是香甜鬆軟的地瓜蛋糕，是男女老少都愛的口味。就算無法將奶油塗得平整漂亮，還是能做出漂亮的蛋糕，就請各位盡情放膽嘗試吧！

QR Code

材料

・海綿蛋糕（7 吋蛋糕模）

雞蛋 4 顆
砂糖 120 克
香草精 2 克
低筋麵粉 100 克
杏仁粉 20 克
泡打粉 1 克
奶油 40 克

・地瓜鮮奶油

地瓜 350 克
鮮奶油 300 克
砂糖 20 克

・地瓜慕斯

地瓜 250 克
奶油 50 克
砂糖 15 克

・糖漿

水 40 克
砂糖 20 克

・裝飾用

免調溫或鈕釦巧克力 適量

事前準備

- 奶油置於室溫軟化備用。
- 參考「鳳梨蛋糕（p.97）」製作海綿蛋糕。

溫馨小提醒

- 食譜中使用的是栗子地瓜，這種地瓜水分適中，很適合拿來做甜點。若使用水分較多的地瓜製作，鮮奶油和慕斯會變得太稀而不好成型，請多加注意。
- 地瓜的纖維質較多，可以先將地瓜泥過篩再使用，成品會較柔軟。

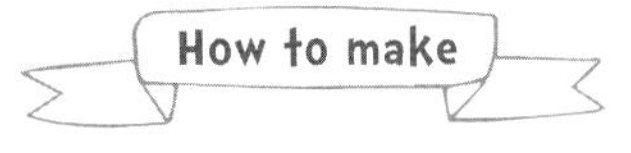

1 **海綿蛋糕**

請參考〈鳳梨蛋糕，p.97〉製作海綿蛋糕。

2

將所有的地瓜蒸熟後壓泥備用。

3 **地瓜鮮奶油**

鮮奶油和砂糖放入玻璃碗中，使用手持電動攪拌器攪打至硬挺狀態，取出100克備用。

4

取350克地瓜泥放入剩餘的鮮奶油中攪拌均勻。

5 **地瓜慕斯**

將地瓜慕斯的所有材料放入玻璃碗中攪拌均勻，放入冰箱冷藏30分鐘變硬。

6 **糖漿**

糖漿所有材料放入鍋中熬煮至沸騰，待砂糖完全溶解後即可離火放涼。

7 **裝飾**

將涼透的海綿蛋糕橫切成4等分。

8

使用6吋慕斯圈將切片的海綿蛋糕去邊。

9

將其中一片海綿蛋糕和剛才使用慕斯圈去掉的蛋糕邊分別使用食物調理機或篩網製成蛋糕粉。

依照糖漿－地瓜鮮奶油的順序塗抹在海綿蛋糕上，層層疊起。塗抹最後一層鮮奶油時，請在中間塗抹多一點，讓蛋糕呈現中間隆起的半圓形。

先用地瓜鮮奶油將蛋糕的表面塗滿，接著在中間使用鮮奶油做出獅子的嘴巴，並用剩餘的奶油將表面抹平。

將整個蛋糕表面黏滿打碎的海綿蛋糕粉。

取出步驟5置於冰箱冷藏的地瓜慕斯，先搓揉成小圓球平均沾裹海綿蛋糕邊粉後，再排列於蛋糕旁做成獅子的鬃毛。

將免調溫巧克力或鈕釦巧克力貼在蛋糕上當成獅子的眼睛，並放上沾滿海綿蛋糕邊粉的地瓜慕斯當成鼻子就完成了！

PART 4

免烤箱做造型也OK！

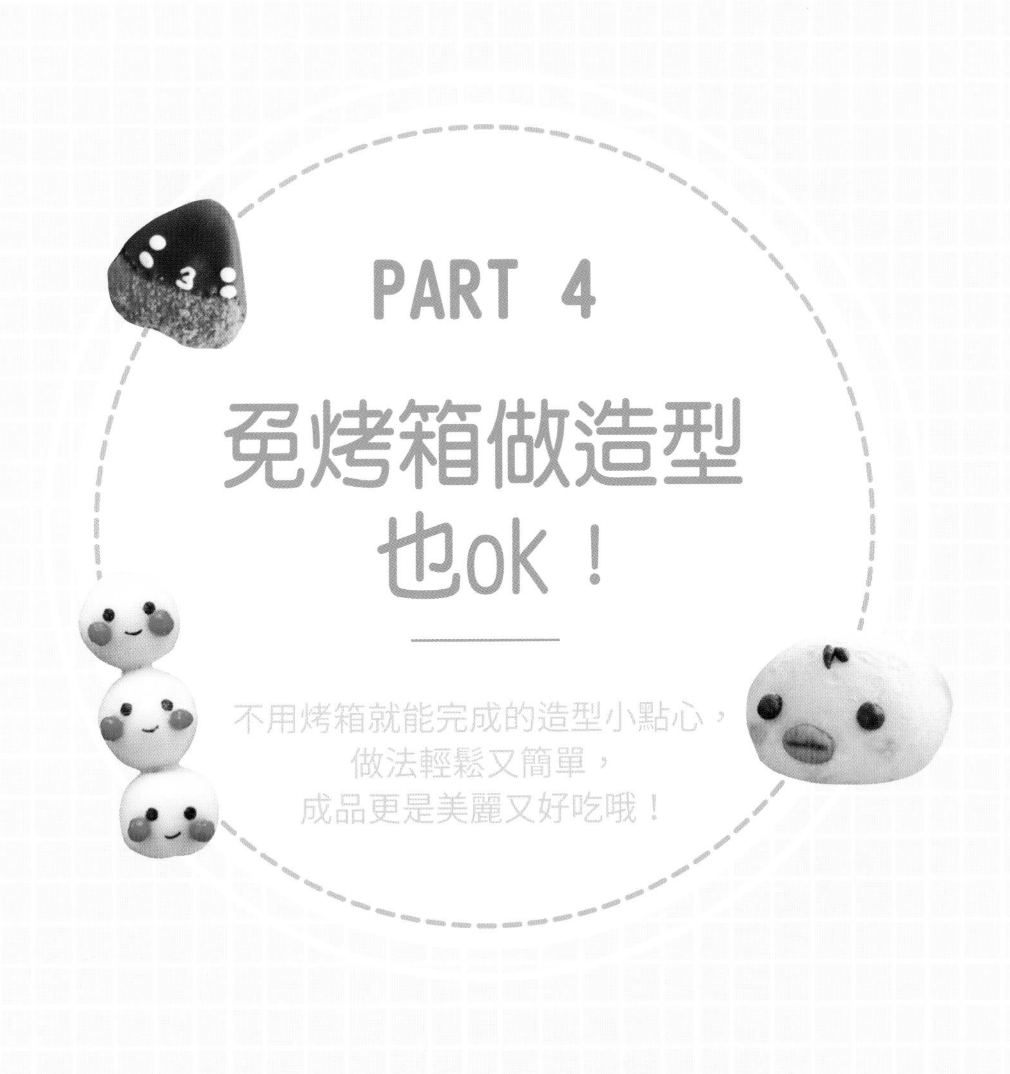

不用烤箱就能完成的造型小點心，
做法輕鬆又簡單，
成品更是美麗又好吃哦！

紅臉頰的小可愛

糯米糰子

份量：4串

將串成一串串的香 Q 糯米糰子，沾上甜甜鹹鹹的醬汁送入口中，這樣的組合真是太美味了！雖然這些紅著臉頰的小可愛會讓人捨不得動手，但只要淺嘗一口，就會在不知不覺中吃掉一整串，讓人一吃就停不下手！

材料

・糯米團

糯米粉 200 克
鹽 2 克
熱水 140 克
食用色素（紅色）適量

・醬油醬汁

水 5 大匙
料酒 1 大匙
醬油 2 大匙
砂糖 4 大匙
勾芡水 1 大匙

・裝飾用

壽司用海苔 適量

事前準備

先以「太白粉1/2大匙＋水1/2大匙」的比例調製成勾芡水備用。

溫馨小提醒

製作糯米糰時必須加入熱水搓揉，請務必戴上手套避免燙傷。建議使用合成乳膠手套（又稱合成橡膠手套 / Nitrile、NBR）。既不含過敏成分，也能預防燙傷。

How to make

1 **糯米糰**

將鹽加入糯米粉稍微攪拌後，加入熱水，將糯米粉搓揉成糯米糰。

2

糯米糰分為各25克的12等分，搓揉成圓形，剩下的糯米糰則加入紅色食用色素搓揉成圓形。全部糯米糰均以保鮮膜包覆，避免乾裂。

3

將糯米糰放入滾水中煮熟。當13顆糯米糰全都浮在水面上時，再續煮1分鐘後離火。

4

煮熟的糯米糰立刻放入冰水中冰鎮至完全涼透，將糰子撈起，放到包有保鮮膜的盤子上。

5 **醬油醬汁**

將勾芡水以外的所有醬汁材料放入鍋中煮至沸騰後，加入澱粉水勾芡。待醬汁產生一點稠度後，即可離火放涼。

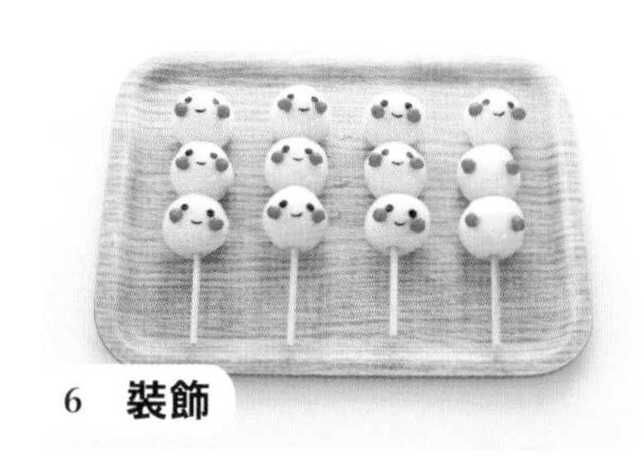
6 **裝飾**

將每三顆糯米糰用竹籤串成一串，再各捏兩小塊紅色糯米糰貼在白色糯米糰臉頰的位置上。將壽司用海苔剪出眼睛和嘴巴貼在糯米糰上，再擺盤至醬油醬汁上就完成了！

超吸睛的蛋糕冰棒

小栗子棒棒蛋糕

做法在下一頁 ⬇

小栗子棒棒蛋糕

份量：6顆

將蛋糕插在冰棒棍上，就可以像棒棒糖一樣用手拿著吃，這就是棒棒蛋糕的最大樂趣。這款無烤箱甜點外型十分可愛，非常適合用來送禮，還沒有一般的栗子需要剝殼吃的麻煩呢！

材料

・棒棒蛋糕

市售蜂蜜蛋糕（或海綿蛋糕） 250 克
奶油起司 70 克
奶油 15 克

・裝飾用

焦糖脆餅 10 塊
融化的奶油 30 克
免調溫黑巧克力 200 克
白巧克力＆草莓巧克力　適量

事前準備

奶油起司和奶油置於室溫軟化備用。

溫馨小提醒

- 可使用「巧克力筆」來代替白巧克力和草莓巧克力畫小栗子的臉，更加便利。
- 製作棒棒蛋糕時，偶爾會發生蛋糕從冰棒棍滑落的情形。這時請先在冰棒棍上沾一點巧克力之後再插入蛋糕，待巧克力凝固後就能固定了。
- 包裝送禮時，可以使用OPP塑膠袋包裝。只要像棒棒糖一樣包住上端，再使用綁帶或蝴蝶結將袋口綁緊，就能輕鬆做出簡單又漂亮的禮物包裝。

How to make

1 **棒棒蛋糕**

蜂蜜蛋糕使用食物調理機攪碎成蛋糕粉備用。

2

將置於室溫軟化的奶油起司和奶油放入蜂蜜蛋糕粉中，並使用攪拌刮刀攪拌均勻。

3

當材料差不多混合均勻後，用手搓揉成光滑的圓球。

4

將蛋糕分為6等分，做成等邊三角形的形狀。

5 **裝飾**

將焦糖脆餅放入密封袋中，使用擀麵棍壓碎，或使用食物調理機攪打成餅乾粉。

6

在蛋糕的下端沾一點融化奶油，再沾上焦糖餅乾粉後，插入冰棒棍。

7

將免調溫巧克力隔水加熱融化，並將沒有沾上焦糖餅乾粉的部分沾取巧克力。

8

將白巧克力和草莓巧克力隔水加熱融化後填入擠花袋中，替小栗子蛋糕畫上表情就完成了！

入口即化喵～

貓咪棉花糖

份量：8隻

畫上可愛貓臉和粉紅色肉球的貓咪棉花糖，只要放入熱可可或拿鐵中，就會馬上融化；就算是放入嘴裡也會立刻在口中擴散開來。利用砂糖和吉利丁製成的棉花糖，熱量和一顆軟糖差不多。大家來試做這道簡單有趣的無烤箱食譜吧！

材料

- **棉花糖**

吉利丁片 3 片（6 克）
砂糖 125 克
水 60 克
可可粉 5 克
食用色素（粉紅色）適量
玉米粉 500 克

溫馨小提醒

- 擠棉花糖的時候，若棉花糖因為冷掉變硬，只要使用微波爐或隔水加熱稍微融化，即可繼續操作。
- 想要做出具立體感的棉花糖，使用稍微降溫而產生黏性的棉花糖糖漿，會比剛熱好的還好操作。
- 可以自行發揮創意，做出貓咪以外的其他造型棉花糖。

How to make

1 棉花糖

將吉利丁片放入冷水中浸泡10分鐘軟化。

2

用手擠掉吉利丁片上的水分，使用隔水加熱法融化。也可以將吉利丁片放入微波容器中，以微波爐加熱30秒。

3

將砂糖和水加入鍋中熬煮至從鍋子中央冒泡，製成糖漿。

4

將融化的吉利丁片和糖漿倒入玻璃碗中輕輕攪拌。

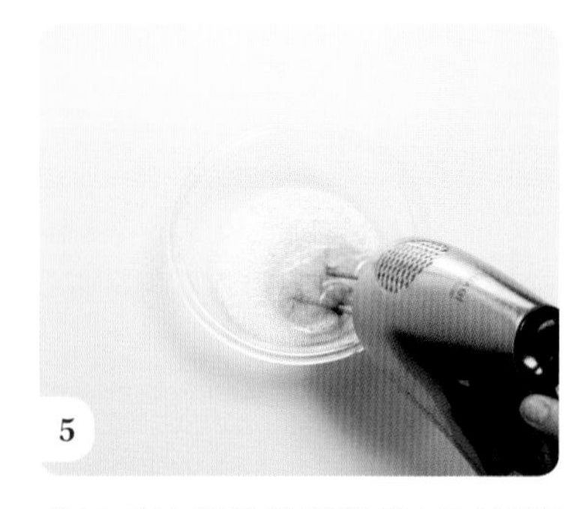

5

使用手持電動攪拌器攪打至糖漿起泡變成不透明狀為止。

6

取出部分糖漿，分別加入可可粉和粉紅色食用色素調色。

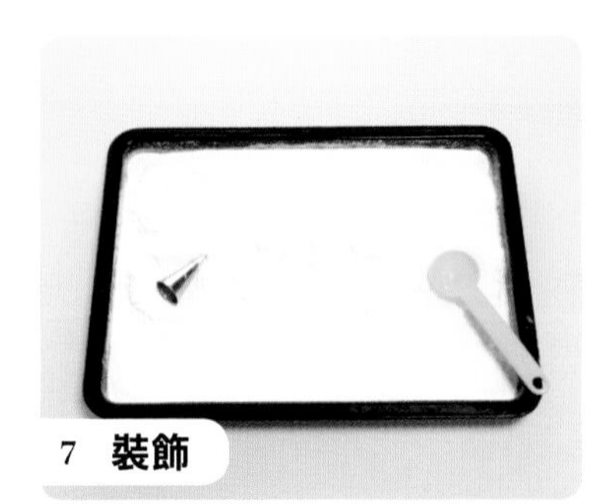

7 裝飾

在托盤上鋪上一層厚厚的玉米粉，用量匙或花嘴等工具做出圓形凹槽及貓臉形狀的凹槽。

8

在凹槽內擠上白色棉花糖，並在上面以調色的棉花糖畫出肉球和貓臉的五官。

9

置於陰涼處讓棉花糖凝固至不會流動的硬度後，於正反兩面均勻撒上玉米粉，再拍掉多餘的玉米粉就完成了！

咬下滿滿的幸福

呱呱鴨豆沙包

做法在下一頁

呱呱鴨豆沙包

份量：8隻
蒸鍋：中火蒸20分鐘

在涼颼颼的天氣裡，吃上一口剛蒸好、熱騰騰的包子，真是人生中的小確幸。不僅做法簡單，還可以包入自己喜歡的內餡，真是一舉兩得對吧？特別是陪著小孩，牽著他們軟呼呼的小手，一起揉出好看又好吃的豆沙包吧！

材料

・呱呱鴨臉部
低筋麵粉 95克
高筋麵粉 95克
南瓜粉 10克
速發乾酵母 4克
鹽 3克
砂糖 20克
溫水 130克
植物油 10克
紅豆沙 160克

・呱呱鴨嘴巴
梔子粉 1克
南瓜粉 1克
溫水 4克

・呱呱鴨眼睛
可可粉 2克
溫水 2克

・呱呱鴨臉頰
火龍果粉 適量

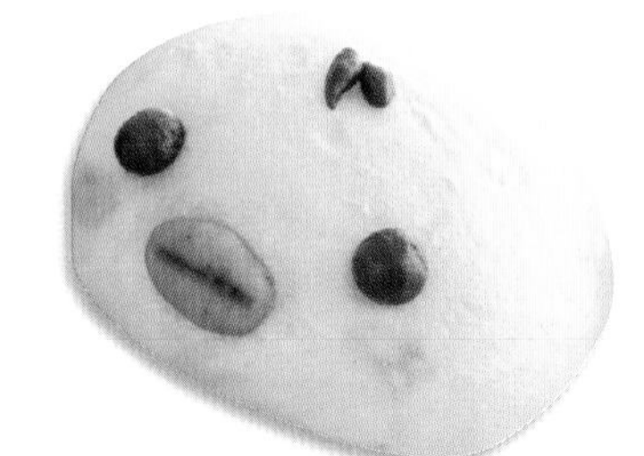

事前準備

40℃的溫水備用。

溫馨小提醒

- 呱呱鴨嘴巴的製作方法：將麵團捏成橢圓形，再以筷子往中間一壓即可。同時只要在麵團表面沾水或牛奶，就能使麵團黏合。
- 若要做的只是一般的包子皮而非南瓜口味，只要以等量的麵粉（中筋麵粉亦可）替代南瓜粉加入即可。

How to make

1 **呱呱鴨臉部**

將低筋麵粉和高筋麵粉放入玻璃碗內，並挖出四個洞。在各個洞裡分別放入南瓜粉、速發乾酵母、砂糖、鹽後仔細和勻。

2

加入溫水後，將麵團揉壓成團。當麵團開始變得光滑後，加入植物油仔細揉壓均勻，但不需要揉壓至像麵包麵團一樣產生筋度。

3

將麵團分成8份40克的麵團，用保鮮膜包覆以避免麵團表面乾燥。

4

將紅豆沙分成8份20克的豆沙後，搓揉成球形。

5

將外皮麵團壓平，將紅豆餡放入包起，注意不要讓內餡露出來，收口朝下擺放。

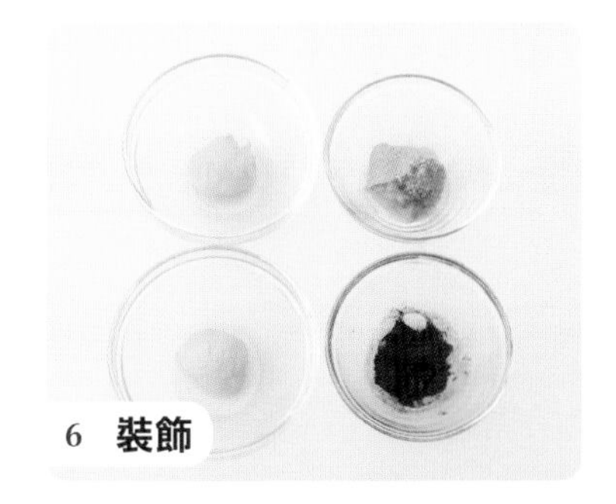

6 **裝飾**

將剩餘的麵團平分成兩份，並使用溫水分別將嘴巴及眼睛麵團所須的色粉調成糊狀。

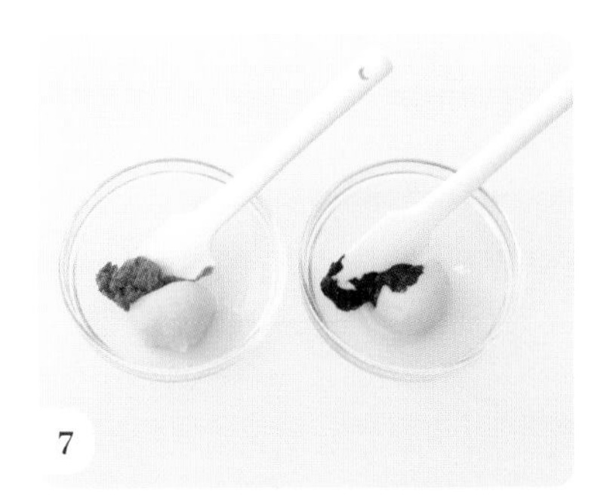

7

將色粉糊分別加入麵團，攪拌均勻上色，並分別做出呱呱鴨的嘴巴和眼睛。

8

將包子麵團放到烘焙紙上，再將嘴巴和眼睛麵團黏上，完成呱呱鴨臉部。

9

用一點冷水將火龍果粉調開，用筆刷畫出呱呱鴨的兩頰，將蒸鍋放至沸騰的水上，以中火蒸煮20分鐘就完成了！

COFFEE

超萌、超有趣、超好吃！

呆呆熊榛果巧克力杯子蛋糕

份量：6隻
微波爐（1個基準）：2分～2分30秒

躲在杯子裡的呆呆熊很可愛吧？添加了榛果巧克力醬做出的杯子蛋糕，真教人上癮，一口接著一口，停不下來呢！不僅可以做在馬克杯中，若是做成杯子蛋糕送人，收到禮物的人，應該會很驚喜吧！

材料

・杯子蛋糕
雞蛋 3顆
鮮奶油 50克
植物油 45克
砂糖 100克
榛果巧克力醬 200克
低筋麵粉 150克

・榛果巧克力奶油霜
奶油 160克
榛果巧克力醬 45克
糖粉 30克

・裝飾用
可可粉 10克

事前準備

奶油置於室溫軟化備用。

溫馨小提醒

榛果巧克力杯子蛋糕不管是熱熱吃，還是放涼後再吃都很美味。若要品嘗的是熱騰騰的杯子蛋糕，還可以在上面放一球冰淇淋來代替奶油霜。熱騰騰的香甜榛果巧克力蛋糕配上冰冰涼涼的冰淇淋，是最棒的夢幻組合！

How to make

1 **杯子蛋糕**

將雞蛋、鮮奶油和植物油放入玻璃碗中，使用打蛋器攪拌均勻後，再放入砂糖攪拌。

2

待材料全部拌勻後，加入榛果巧克力醬，再用打蛋器攪拌均勻。

3

將過篩的低筋麵粉加入，攪拌至看不見粉狀物和塊狀物，完成蛋糕麵糊。

4

準備好可以微波的馬克杯，將蛋糕麵糊填入杯中約六分滿。

5

將裝有麵糊的馬克杯放入微波爐，以單個為基準，微波2分鐘～2分30秒後放涼。

6 **榛果巧克力奶油霜**

置於室溫放軟的奶油放入玻璃碗中，以攪拌刮刀輕輕攪散，再加入榛果巧克力醬拌勻。

7

待奶油和榛果巧克力醬拌勻後，加入過篩的糖粉拌勻。

8 **裝飾**

在完全放涼的杯子蛋糕表面，塗上一層榛果巧克力奶油霜。

9

可可粉加入剩餘的奶油霜中拌勻，調製成顏色較深的可可奶油霜，填入擠花袋，在蛋糕上畫上笨笨熊的耳朵、眼睛、鼻子和嘴巴就完成了！

這真的可以吃嗎？好像真的盆栽喔！

仙人掌杯子蛋糕

做法在下一頁↓

份量：盆栽（直徑8公分的馬芬烤盤）6個

烤箱：滾水蒸煮20分鐘，燜5分鐘

仙人掌杯子蛋糕

哇！是仙人掌耶！不過這盆可不是用來種植，而是用來吃的仙人掌盆栽喔！香甜的蒸糕配上滑順的豆沙，就算是不愛甜食的人也能輕易入口！

材料

・白米蒸糕

在來米粉 300 克
鹽 1/2 小匙
水 180 ～ 200 克
砂糖 2.5 大匙

・巧克力蒸糕

在來米粉 60 克
可可粉 1 大匙
鹽 1 小撮
水 36 ～ 40 克
砂糖 1 大匙

・仙人掌豆沙

白豆沙 100 克
牛奶 10 克
綠茶粉 2 克
水 5 克

・仙人掌刺豆沙

白豆沙 20 克
水 2 克

事前準備

將18齒花嘴和0.2cm圓形花嘴放入擠花袋中。

溫馨小提醒

- 在來米粉中加入鹽和水，並用手將結塊的米粉搓散。以保鮮膜包覆攪拌盆放入冰箱冷藏一小時後，再使用篩網過篩。
- 因材料中使用的是乾式米粉，必須要有讓米粉吸飽水份的這道程序。（白米蒸糕和巧克力蒸糕同）

How to make

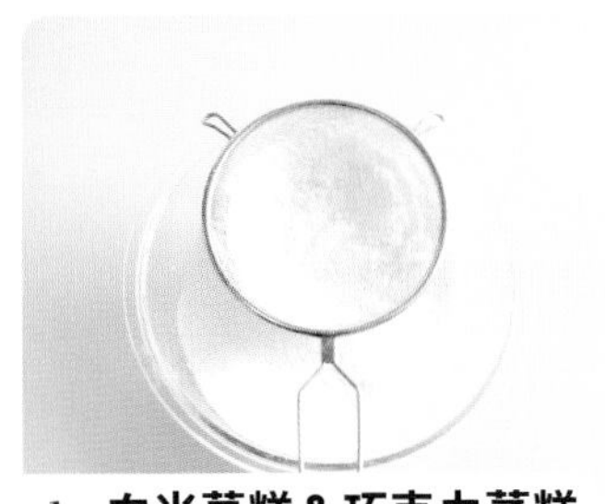

1 **白米蒸糕＆巧克力蒸糕**

白米蒸糕先以同p.113花籃蛋糕中的米糕做法，完成至步驟2後，使用中間粗細的篩網將米粉過篩兩次。

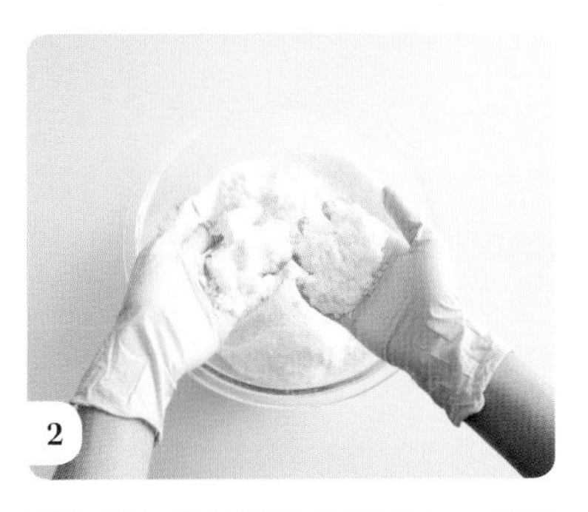

2

將砂糖加進過篩後的米粉中，用手輕輕拌勻。注意不要結塊。

3

巧克力蒸糕也是以製作白米蒸糕相同的方法混合均勻。

4

白米蒸糕米粉填入矽膠馬芬模約9分滿，再填滿巧克力蒸糕米粉，以刮板將表面刮平。請注意填入時不要擠壓米粉，只要輕輕填入即可。

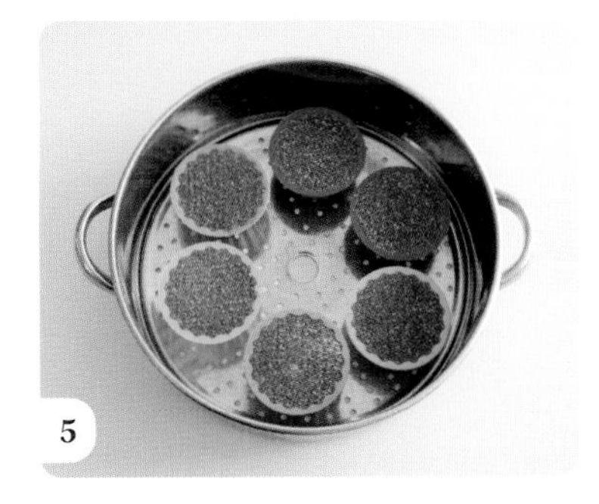

5

將蒸糕米粉放入蒸鍋內，以滾水蒸煮20分鐘，再燜5分鐘。

6

蒸好的蒸糕趁熱脫模，放入馬芬紙模內。

7 **裝飾**

將仙人掌刺豆沙材料中的白豆沙加水調和備用；仙人掌豆沙的綠茶粉先加水調成糊狀，再加入白豆沙和牛奶攪拌均勻。

8

將仙人掌豆沙填入裝有18齒花嘴的擠花袋中，在花釘上擠出仙人掌形狀，再用裱花剪刀將仙人掌移至蒸糕上。若手邊沒有花釘和裱花剪刀，也可直接將豆沙擠在蒸糕上。

9

將仙人掌刺豆沙填入裝有0.2cm圓形擠花嘴中，在仙人掌上擠上細刺後就完成了！

Cook50178

卡哇伊立體造型小點心

從初階到進階，step by step 做出療癒又好吃甜點

國家圖書館出版品預行編目

卡哇伊立體造型小點心 從初階到進階，step by step 做出療癒又好吃甜點／任雪喜；——初版——臺北市：朱雀文化，2018.10
面；公分——(Cook ;50178)
ISBN 978-986-96718-5-9(平裝)
1.點心食譜

427.16　　107016261

作者	任雪喜
攝影	池俊錫
譯者	賴毓棻
美術設計	許維玲
編輯	劉曉甄
校對	連玉瑩
行銷	石欣平
企畫統籌	李橘
總編輯	莫少閒
出版者	朱雀文化事業有限公司
地址	台北市基隆路二段 13-1 號 3 樓
電話	02-2345-3868
傳真	02-2345-3828
劃撥帳號	19234566 朱雀文化事業有限公司
e-mail	redbook@ms26.hinet.net
網址	http://redbook.com.tw
總經銷	大和書報圖書股份有限公司 （02）8990-2588
ISBN	978-986-96718-5-9
初版一刷	2018.10
定價	380 元
出版登記	北市業字第 1403 號

세젤귀 캐릭터 베이킹

About 買書

●朱雀文化圖書在北中南各書店及誠品、金石堂、何嘉仁等連鎖書店均有販售，如欲購買本公司圖書，建議你直接詢問書店店員。如果書店已售完，請撥本公司電話（02）2345-3868。

●● 至朱雀文化網站購書（http://redbook.com.tw），可享 85 折起優惠。

●●●至郵局劃撥（戶名：朱雀文化事業有限公司，帳號 19234566），掛號寄書不加郵資，4 本以下無折扣，5～9 本 95 折，10 本以上 9 折優惠。